U0153070

不可思議的醫學冷知識

日本超人氣外科醫師顛覆想像的人體醫學大解密

山本健人／著　婁美蓮／譯

方舟文化

醫生的三樣武器：

一是語言，二是草藥，三是手術刀。

希波克拉底

（醫生）

前言：滿足你對人體醫學的好奇心

身為一名外科醫生，我每天都要執行好幾台手術，碰觸活生生的器官。只需要用手術刀把患者的肚子切開，大自然產生的美麗且複雜的構造物，就會呈現在我的眼前。

每個人五臟六腑的樣子，真的都不一樣。有黃色內臟脂肪肥厚、包裹住整個臟器的人，就有內臟脂肪色白且薄的人。有胃袋大到往下垂向腳那一頭的人，就有胃只待在腹腔上面的人。有大腸像蛇一樣在肚子裡蜷曲的人，就有大腸比較短、所謂直腸子的人。就連名稱相同的血管，粗細與分叉的情形，也都因人而異。這樣的差別與不同，確實對手術的難易度造成了影響。

乍看之下，這似乎很弔詭，但反過來一想，卻是再合理不過的事。

每個人的身高、五官、性格都不一樣。同樣地，五臟六腑的樣子也會有個別差異。就如我們可以靠臉來區分誰是誰，也可以靠臟器的樣子來辨識身分。很多外科醫生光看手術中的影像，就可以猜出「這是誰的腹腔」，這一點也不稀奇。

不過，隨著看過的人體越多，我竟也生出完全不同的想法。雖然每個人的身體都不一樣，但內部的構造卻出奇地相似。

切開肚子一看，右上方是肝臟，左上方是脾臟，中間是胃、胰臟、小腸，這些器官的外面再由大腸繞圈圍住。除了少部分特例之外，人體的內部構造幾乎都長成這樣。

為了活下去，必要的構造必須相同，但在不影響生存的條件下，則會有一些「空間、餘裕」。作為醫生，除了深入理解共通的構造外，對於「餘裕」的多樣性，必須具備臨機應變的能力才行。

這便是醫學有趣的地方，也是其深奧之處。

醫學花費了這麼長的時間，好不容易才把臟器的構造與機能一一破解了。五臟六腑為什麼會各自長成那個樣子？為什麼具備那樣的功能？一旦明白醫學花費九牛二虎之力破解的謎團，不管是誰，都會對大自然創造的人體、這個精密的構造物抱持著敬畏之心吧？

舉個例子來說吧！

生存不可或缺，人類共同擁有的代表性功能之一，就是「消化、吸收」。

身為人類的我們，不假思索地把其他動物或植物放入口中，藉此獲得生存所需的能量，這件事其實不容小覷。

人體透過胃分泌 pH 值為一的強酸，以及分解蛋白質之消化酵素的產生，能夠有效率地消化吃進去的食物。流進十二指腸的食物，跟一堆消化液混在一起，碳水化合物也好，蛋白質、脂質也罷，分別被相對應的消化酵素給分解、溶解掉。

這些分泌的消化液，一天可達七公升之多，為的是把大量投入身體的有機物，輕輕鬆鬆地轉換成可吸收的形態。將自然界存在的各種物質消化、吸收，這個工程可一點都不簡單。

就說脂肪好了。拉麵的湯上面不是都會浮著一層油嗎？脂肪可是不溶於水的。換句話說，「水和油」沒辦法混合在一起。因此，主要成分是水的消化液，並不容易與脂肪混合在一起。

那要怎樣才能把脂肪變成營養，讓人體吸收進去呢？這個難題就交給同樣含有脂肪的「膽汁」來處理。透過名為「乳化」的作用，把吃進肚子的脂質變成像水一樣可以被吸收的形式，就好像用肥皂把油汙帶走一般，這樣的過程也在我們的體內發生。

乍看之下覺得沒有什麼，但光是我們身體每天進行的「消化、吸收」這個工作，就已經精準、精細到令人咋舌。

幸運的是，身為醫生，我每天都能接觸人體，能真實感受人體之美。

另一方面，在執行手術的過程中，我也能用這一雙手親自感受到現代醫學的偉大進步。

每天我面對著因全身麻醉而失去意識的患者，把他們的肚子剖開，把病灶切除、取出來。等病人肚子裡的問題處理得差不多了，我們會進行皮膚縫合，之後再交給麻醉科醫生，由他們負責讓患者甦醒過來。不同的手術需要的時間或有不同，但大多數患者都能在數日到一個禮拜之內，恢復健康、回家休養。

這些對我來說是再普通不過的日常風景。

但反過來一想，這些光景被視為理所當然，就醫學的歷史來說，是「最近才發生的事」。

隨時都可以讓病人失去意識，趁他們睡著時剖開肚子，把部分臟器切除取出，之後再把它縫合回去，讓患者醒過來。這種治療的得以實現，是在全身麻醉普及化的十九世紀後半到二十世紀初期。

在這之前的手術，痛得死去活來是必然的。病人一邊大聲哀嚎，一邊接受手術是很正常的事。必須出動好幾個人壓制在手術中掙扎的患者，有時甚至會用到可以把患者牢牢綁住的手術台。就當時的人來看，我們今天享受到的待遇，只能說是「奇蹟」了。

不光是全身麻醉這個技術。

即使好不容易讓手術成功了，只要傷口有細菌侵入，引發了感染症，手術後依然免不了一死，這在以前是很稀鬆平常的事。其中最大的因素，是因為以前並沒有「消毒」這樣的概念。手術時要做好消毒，這個概念的普及也是很近期才發生的事。

全世界最早發明消毒劑的，是第一位被授予男爵封號的英國外科醫師約瑟夫・李斯特（Joseph Lister）。一八七〇年，他在權威醫學雜誌《刺胳針》（*The Lancet*）上發表了一篇衝擊性十足的論文。在他把消毒的觀念導入之前，術後的死亡發生率是四五・七％，導入後的死亡率則降至一五・〇％。令人驚訝的是，不光是消毒使術後死亡率降到只剩三分之一，而是在這之前竟然有近一半的人在術後死亡的事實。

歸根究柢，是因為人類長久以來都不知道感染症的原因。當然，根據經驗，大家都知道有所謂「流行病」的存在。但是，這種會傳染、流行的病竟然是肉眼看不到的微小生物所引起，人類一直要到十九世紀後半期才知道這個事實。

德國醫師羅伯・柯霍（Robert Koch），是史上第一位揭發「細菌是讓我們生病原因」事實的人，他也因此獲頒一九〇五年的諾貝爾生理醫學獎。而這些也不過才一百多年前的事。

在這裡我要講一件有趣的事。

有一種病叫「闌尾炎」，以前常被誤稱為「盲腸炎」。因為是闌尾發炎引發的疾病，所以應該叫闌尾炎才對。闌尾發膿、腫脹，伴隨劇烈腹痛，標準的治療流程就是動手術將闌尾切除。

現在，大家都知道闌尾炎這個疾病。但剖析醫學的歷史，會驚訝地發現：醫學史上首次出現有關於闌尾炎的紀錄，是在十八世紀以後的事。

這麼普通、常見的疾病，為什麼在那之前人類對它一點都不了解呢？最大的原因之一，就是以前沒有「把活人肚子剖開，看裡面長什麼樣子」的技術。

另一方面，早在西元前四百年的當時，醫學史上就已經有乳癌的記載了。一個是身體表面的病，一個是身體裡面的病，人類隔了兩千年，才分別知曉它們的存在。

身為現代人的我們，可以在不感覺到痛的情況下接受手術，短時間內就能重返原本正常的生活。換作以前的人，這是想都不敢想的事，但我們確實這樣生活著。

迄今為止，醫學達成了怎樣的里程碑？創造出怎樣的技術？一旦了解這永無止境的醫學進步，任誰都會感到驚嘆吧。

學習醫學，了解有關自己身體的一切，是一件非常有趣的事。

我從做醫學院學生開始到現在約二十年的時間，不斷感受到不管是求知慾還是好奇心都被滿足了，我想跟更多人分享這樣的喜悅。

本書就是本著這樣的理念而寫下的。

這本書的第一章會先講述：人體「是怎樣精密的構造」、「為什麼會擁有這麼棒的機能」，從頭到腳，按照順序一一說明。

第二章會介紹抗生素、降血脂藥、類固醇等改變醫學歷史的藥劑。了解藥的功能，就等於了解人體運作的機制。你會驚奇地發現，許多名藥的產生真的是「九九%的努力加上一%的運氣」。

第三章會介紹在手術史上發動革命的外科醫生其豐功偉業。最早發明消毒的約瑟夫．李斯特、首位獲頒諾貝爾獎的外科醫師埃米爾．西奥多．科赫（Emil Theodor Kocher）等等。關於這些替現代手術打下基礎的外科前輩們，我將從現代外科醫生的角度，解說他們的生平事蹟。

第四章，我將針對手術機器的進步進行解說，從電燒刀、內視鏡到手術支援機器人等都會提到。科技進步所帶來的外科醫學驚人變革，相信你看完這章後也會感到無比地新奇與振奮。

第五章會針對輻射、一氧化碳、致命病毒等危害人體健康的威脅進行解說。出乎意外的是，我們的身體非常脆弱，而周遭的環境則充滿危險。只有認清這個事實，我們才會更努力地讓醫學發揮最大的功用。

本書為了確保資訊的可信度，登載了一百個以上的出處（參照第三七六頁）。此外，涉及非我專業領域的部分，我也請各專科的醫生幫忙監修，留意無損知識的正確性。最後，作為文末附錄，我還加了一篇「超濃縮醫學史」（參照第三六一頁）。談到醫學進步，不得不提到的奇人要事，我都簡要地介紹了。讀過之後，相信就能大致掌握醫學史的全貌了。

書中提到的一樁樁軼事，雖從眾所皆知的切身話題開始，但持續探究下去，則是浩瀚無邊的知識大海。讀這本書，就像站在高台上俯瞰「醫學」這門高深的學問。登高望遠，想必你的閱讀經驗會是愉悅的。

好了，該出發了，讓我們朝偉大的醫學世界邁進吧！

山本健人

目錄

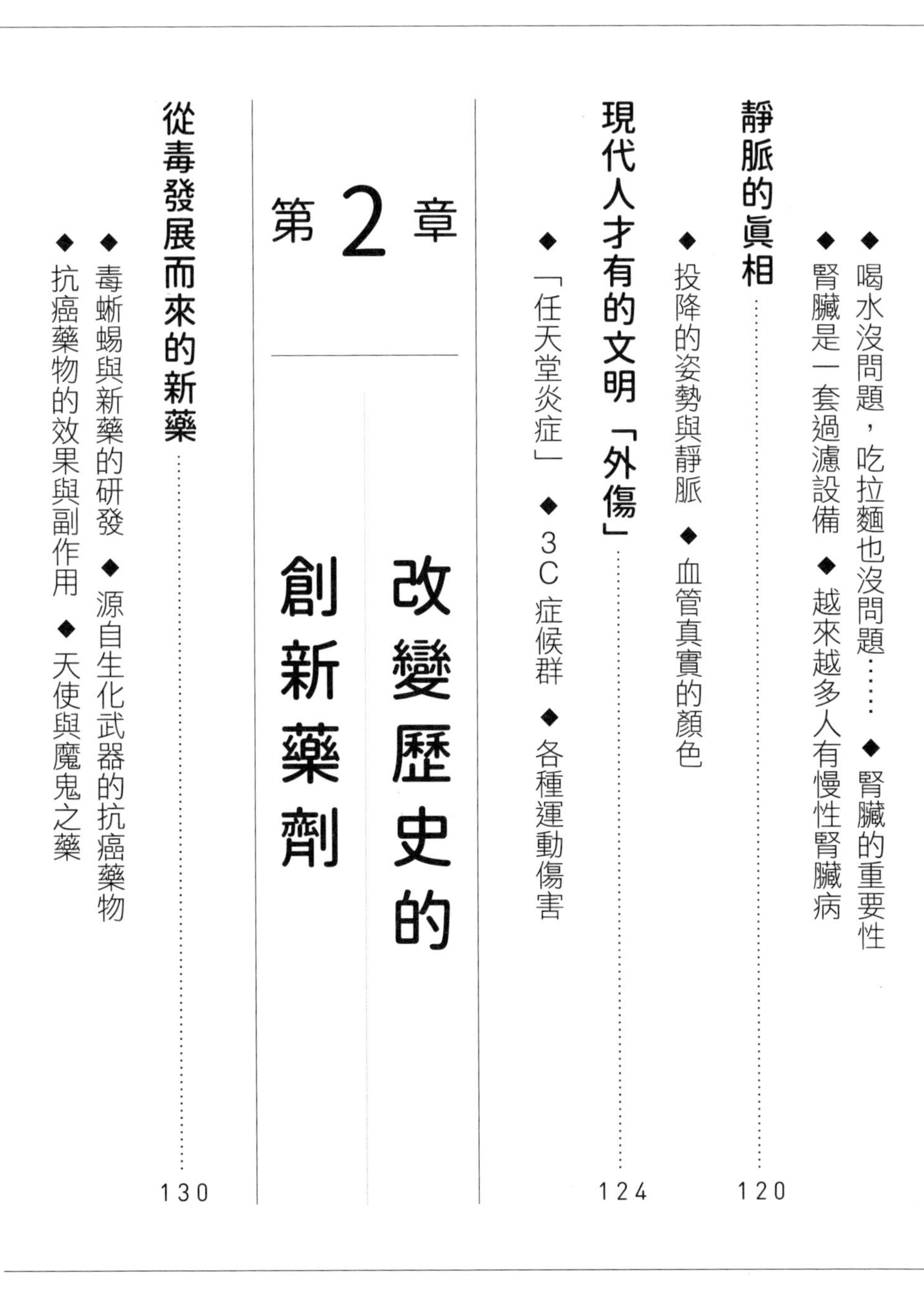

第2章 改變歷史的創新藥劑

第3章 發動革命的外科醫生

第4章 令人歎爲觀止的手術

第1章

有趣的人體奧祕

如果我比別人看得更遠，

那是因爲我站在巨人的肩膀上。

艾薩克・牛頓（Isaac Newton）

（科學家）

爲什麼突然站起來會頭暈？

姿勢性低血壓之謎

轉開水龍頭，水就會往下流，河川的水也是從高處往低處流去。世間萬物隨著地心引力而移動的現象，我們想都沒想就接受了。

然而，在我們體內流動的血液，卻是以完全相反的路徑在運行。把血液送出去的心臟，所在的位置剛好在身體的中間。用兩條腿走路的我們，為了把血液送往比心臟高的臟器，勢必得經常違逆地心引力的慣性。

位在比心臟高的地方，是生存不可或缺最最重要的器官：大腦。腦是容易缺氧的臟器。心臟停止跳動，會造成送往腦的血流中斷，氧氣供給不足，數秒之後，人就會失去意識。一旦心跳停止三～五分鐘以上，就會對大腦造成不可逆的傷害，甚至會危及生命（1）。

這麼精密的器官，竟然就配置在人體最高的地方。一天二十四小時，無時無刻都在逆地心引力而行。偏偏我們還要確保它運作無虞，實在是「非常艱險的任務」。

反過來說，只要躺著就不用擔心了。因為腦和心臟位在同樣的高度，要維持血流的順暢就容易多了。有問題的是動作太猛，突然站起來的時候。在那個瞬間，會感到頭暈，失去平衡，站都站不穩，大家應該都有過這樣的經驗。突然站起來頭暈的現象，正確的說法為「姿勢性低血壓」，就是瞬間違反地心引力，導致送往腦的血流量不足而產生的低血壓。

所以，我們要思考的不是「為什麼突然站起來會頭暈？」而是要想「平常為什麼就不會頭暈呢？」考慮到地心引力的存在，姿勢性低血壓更頻繁發作也不是不可能的事。

那麼，即使突然改變動作、動作很大，血液的流動依然能保持順暢的關鍵是什麼？這就不得不講到自律神經的功能了。

自律神經的功能

當我們站起來的時候，血液會因為地心引力的關係往腳下匯集。布滿全身的自律神經系統察覺到這個現象，會馬上做出處置，減少流往腦部的血流量。

在這裡，不妨以水管做比喻。當你想把水柱噴高一點，你會怎麼做？方法有二，要嘛把水龍頭轉到最大，增加流出的水量；要嘛捏住水管的前端，使其口徑變小，增加水的壓力。

換句話說，自律神經會馬上讓心跳加快，使送出去的血液量增加，同時，它也會使全身的血管收縮，讓血液更容易被送往遠端的地方。基本上，負責這項工作的是自律神經中名為「交感神經」的神經系統。因為交感神經的運作，我們即使突然改變姿勢也能保持血壓穩定，維持身體的機能。

另一方面，經常頭暈的人，就是因為這樣的機制無法正常運作。可能是生病或吃藥的副作用，導致自律神經的功能不彰，無法靈敏地調控血壓。再者，因為失血導致體內血液減少（貧血），或是水分攝取不足，身體處於缺水的狀態（脫水）等，也容易發生突然頭暈的姿勢性低血壓。這就好比流經水管的水變少了，水量不足的情況下，即使捏住水管口，水柱也噴不了多遠。

心臟功能不好的話，血壓的調節也會有困難，因為「水龍頭無法開到最大」，送出的水量自然是不夠的。

突然暈倒的理由

抽血或是吊點滴的時候，在注射針刺入皮膚的瞬間，不知是痛還是緊張，有人突然就暈過去了。這個反應，醫學上叫血管迷走神經性昏厥（血管迷走神經反射）。究其原因，主要是自律神經系統失去平衡，心跳變慢，血管擴張，流往大腦的血液突然減少所造成的。用水管來做比喻的話，就是水龍頭的水量不足，而水管又無法變細的狀態。

迷走神經是副交感神經的一種，作用正好與交感神經相反。所謂自律神經系統，又分成交感神經與副交感神經兩種。藉由這兩種功能完全相反的系統的平衡運作，身體的機能才得以維持。一旦副交感神經過於發達，交感神經就會受到壓制，這時血管迷走神經性昏厥就會發生了。

學校朝會的時候，在操場上站久了突然就暈倒了，應該有人有這樣的經驗，這也是血管迷走神經性昏厥的一種。可見長時間維持同一個姿勢，就會導致自律神經系統的失衡。

若血液能馬上回流到腦部，恢復意識醒過來，一般是不需要特別治療的。某種程度上，這也算是用兩條腿走路的人類天生背負的弱點，以及不可逆的宿命吧！

左右眼

看到的世界不一樣

睜眼閉眼實驗

在這裡，我們先來做個實驗。請把這本書闔起來，把書拿到臉的前面，沿著鼻樑擺放，遮住半邊的臉，試著左右交換，一次閉上一隻眼睛看看。你會發現，左、右眼看出去的世界，似乎大不相同？沒錯，我們的左眼和右眼，一直以來看到的都是如此不同的景色。

不可思議的是，我們平常並不會感受到這份「差異」。那是因為從左、右眼進入的資訊會在大腦進行整合，而我們很自然地以為這些由大腦所合成的影像，就是我們「眼睛所看到的」。

為什麼我們認識世界的時候，需要從不同的角度去獲取兩種影像呢？這個理由也可藉由實驗得到比較清楚的感受。

請你閉上一隻眼睛，微微彎曲兩個手肘，伸出兩邊的食指，想辦法讓兩根食指的指尖正確地碰在一起。你會發現

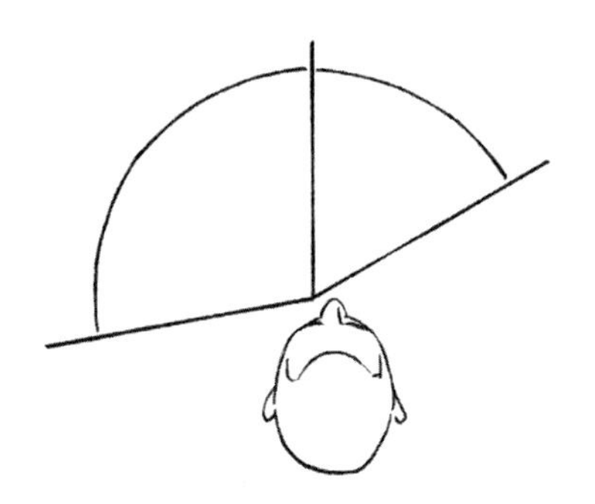

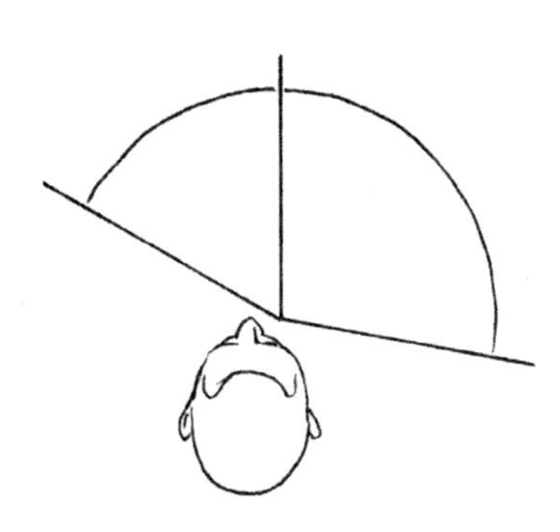

左右視野的差異

很難掌握前後的距離感，是吧？換句話說，必須利用兩隻眼睛看到的影像，我們才能產生立體視覺，除了寬度、廣度，更有深度。光用一隻眼睛看，提供給大腦的資訊是不夠的。

我們以為自己是用眼睛「看」世界，但眼睛不過是資訊的接收器、一個入口罷了，我們其實是用腦「看著」世界。

3D影像與現代手術

近年，應用內視鏡進行手術變得十分普遍。比方說大腸癌手術，日本有八〇％以上的手術都借助內視鏡進行(2)。運用於腹內空間（腹腔）的手術用內視鏡更被專門稱為「腹腔鏡」。

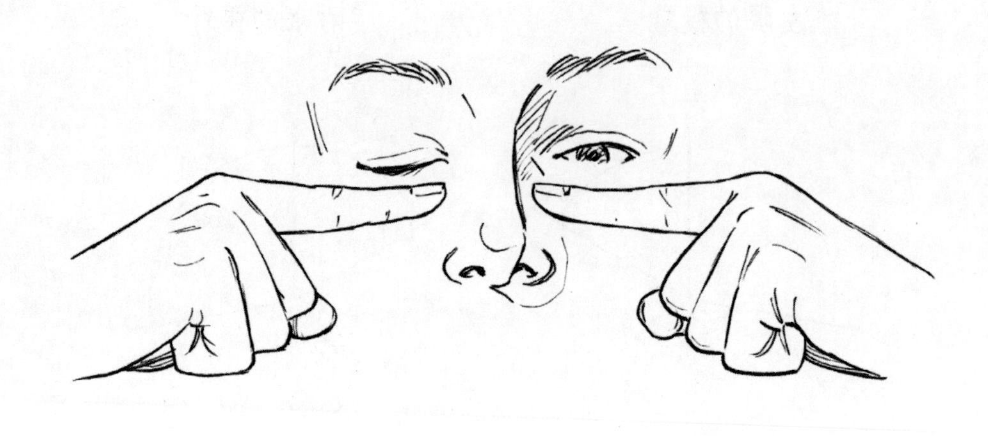

閉上一隻眼睛的實驗

特別是大腸中的直腸，位在骨盆這個狹小空間的最底處。一直以來，進行這些把肚子切開的開腹手術時，外科醫生們總要睜大眼睛在這些幽暗處搜索，才能找到病灶。有了腹腔鏡後，它不僅可以深入狹小的空間，還可以提供醫生清楚的視野。外科醫生們可以一邊看著螢幕上的影像，一邊進行手術，這是腹腔鏡手術最大的優點。

然而，腹腔鏡手術也有「無法掌握深度」的缺點。因為外科醫生們是看著螢幕上的2D影像做著手術，就好像憑單眼所見的影像做著手術一樣。

不過，近年隨著3D內視鏡的普及，只要配戴專用的護目鏡，就可以把裸眼看上去重疊的2D螢幕影像，變成清楚的3D立體影像。最近經常可在手術室內看到這樣的光景：一群戴著大副太陽眼鏡的外科醫生，盯著螢幕做著手術。乍看之下有點詭異，但久了也就習慣了。

就連現在運用越來越廣泛的手術支援機器人，施術者也可看著 3D 影像執行手術了（詳見第四章）。所謂機器人手術，乃施術者坐在「操控台」上，在離患者有點遠的位置，透過電腦遠端遙控著機器手臂。比方說，現在越來越普及的手術機器人「da Vinci」（達文西），施術者看到的影像就像是戴著雙筒望遠鏡所看到的。左右眼看到的影像在大腦進行整合，施術者看到的是清楚的 3D 影像。這個做法簡直就是完美仿效我們眼睛獲取現實世界情報的方式。

名為弱視的現象

未滿三～四歲的幼童，是「嚴格禁止使用眼罩」的，你知道這件事嗎？那是因為孩子還小就被遮住視線的話，會妨礙他的視力發育。

視力發育不良，並不是一般所謂的「眼睛不好」、「需要配戴眼鏡」的意思，而是「即使戴了眼鏡矯正，視力還是不好」的意思。眼球本身沒問題，卻在眼睛捕捉光線把情報送往大腦時，大腦處理情報的能力發生了問題。這種視力不好、低落的狀態，即所謂的「弱視」（醫學上的弱視）。

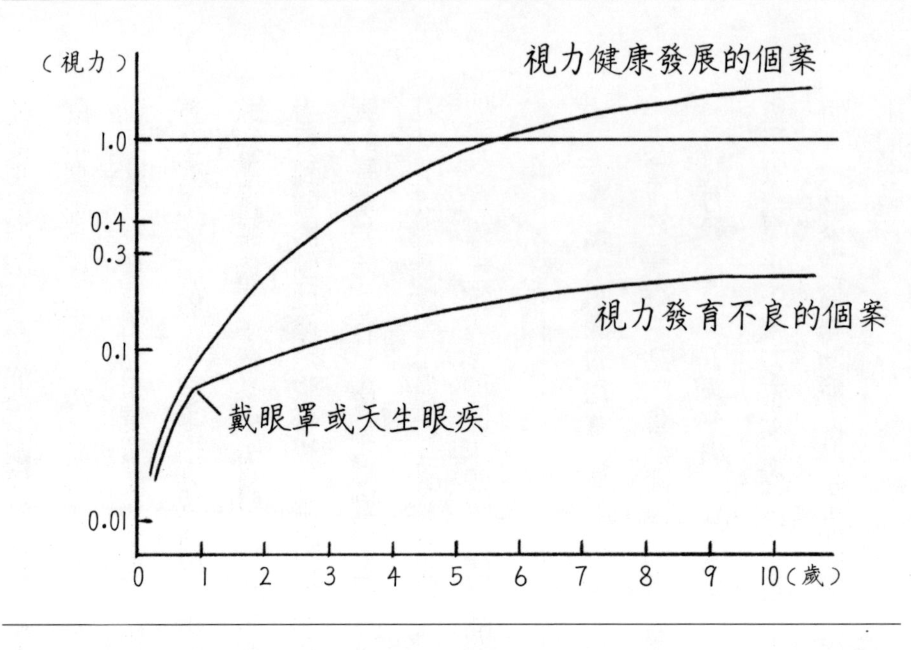

視力的發展

嬰兒的眼球構造本身，其實跟大人的一樣，已經發展成熟了。不過，大腦去分辨映入視網膜影像的能力，卻是隨著年齡而成長的。

剛出生的嬰兒，視力落在〇·〇一、只能分辨明暗的程度。然而，隨著年齡增長，到了六歲，大部分人的視力都可以發育到跟大人一樣（3·4）。視力會隨著眼睛看到的東西而發展。映入眼簾的情報不斷被送往大腦，形成一種刺激，慢慢養成大腦去認知眼睛所看到世界的能力。

妨礙視力發展的原因，可能與眼球本身也有關係。比方說，近視或是遠視，導致呈現在視網膜上的影像是不清晰的，於是，大腦去分辨所見物體的能力自然也跟著受限了。如果視力是在這樣的情況下培養起來的，那麼，即使將來戴了眼鏡，還是很難把東西看清楚。趁年紀還小，配戴眼鏡矯正，把清晰的影像輸入大腦裡，是預防弱視的第一步。

在某種程度上，斜視也是造成弱視的原因。所謂斜視，是指看著一樣東西的時候，左右眼無法對焦，一隻眼睛看往不同的方向。這個時候，大腦自然無法利用斜視那隻眼睛取得的情報，只能憑健康的那隻眼睛去認識世界。這是為了防止一件物品出現兩種影像（4）。結果，看向別處的那隻眼睛因為久沒使用，就變成弱視了（5）。

一開始連走路、講話都不會的嬰兒，靠著學習和訓練，慢慢地會走、會說話。視力也是一樣，它是隨著成長而逐漸培養出的能力。在視力養成的過程中，嬰幼兒時期是最重要的黃金時期，一旦錯失先機，事後想要補救將會非常困難。

名爲「譫妄」的意識障礙

突然胡言亂語

現在講的故事是我自己憑空杜撰的，但在第一線的醫療現場，這卻是經常上演的一幕。

「一向彬彬有禮、性格沉穩的六十幾歲男性，在接受全身麻醉手術、回到病房的當晚，突然像換了個人似的，不僅對醫護人員飆罵髒話，還動手打人，躁動到壓都壓不住。一旁陪伴的家人，還以為他是中邪了，驚呼：『這是怎麼了？』隔天一早，一切就好像做夢似的，恢復了正常。至於他本人，對前一晚的事則完全不記得了——」

這裡描寫的病徵，是一種被稱為「譫妄」的疾病。所謂譫妄，是一種因疾病、外傷、手術、藥物等所引起的精神錯亂。住院之後，環境改變、作息被打亂，再加上身心所承受的巨大壓力，都很容易讓病人的譫妄發作。特別是失智症患者或高齡長者，更容易出現譫妄的現象，然而，譫妄和失智

	譫妄	失智症
意識	意識混亂	意識清明
發作的模式	突然、急性的發作	漸進性的退化
病狀的特徵	一天之內病程波動大，會持續數日至數週不等。	症狀在一天之內不會有太大起伏，而是以年為單位，逐漸加重。

譫妄和失智症的不同

是完全不同的兩種疾病，不可混為一談。

失智者的意識是清明的，病況以年為單位，逐漸加重。反之，譫妄是暫時性、突發的意識障礙。病況時好時壞，起伏波動大，是其特徵。

住院的病人有一〇～三〇％會出現譫妄，這在醫療現場是非常普遍的現象（6）。因此，醫療從業人員讀到我前面講的那個故事，應該不會感到特別驚訝。特別是在病房工作的醫護人員，每天都會遇見類似的情況，早就見怪不怪了。

相反地，一般人對於譫妄的實際狀況，壓根兒就不了解。這也是為什麼看到性情丕變的患者，他的家人會如此驚愕的原因了。

譫妄的症狀與治療

陷入譫妄的患者，即使看上去好像是清醒的，他的意識也處於半夢半醒之間，是混亂、模糊的。他會胡言亂語，說一些莫名其妙的話，更會產生幻覺。什麼「一堆蟲在牆壁上爬」啦、「觀音菩薩來病房找他」啦，這是他看到的幻視，或是「有人把廣播體操的音樂開得好大聲」，這是他產生的幻聽。這些都是虛假、不存在的，但對患者本人而言，卻好像真的發生過。

再者，譫妄的人精神是渙散的，注意力無法集中，對周遭的情況無法正確掌握，經常處於亢奮的狀態。在此情況下，譫妄會變成病人接受救治的一大阻礙。比方說，他會自己拔掉點滴等重要管線，或是從床上滾落下來，這些狀況一旦發生，都會危及患者的性命。

還有，「定向感障礙」也是譫妄症的特徵之一。所謂「定向感障礙」指的是無法認知日期、時間、自己身處的地方，甚至身邊的人叫什麼名字都回答不出來。

醫療劇中，經常可以看到醫生對著被救護車送來的病人問道：「你知道這裡是哪裡嗎？」、「今天是幾月幾號？」這是醫生在確認患者「是否有定向感障礙」。「定向感障礙」不只會出現在譫妄者身上，也是輕微意識障礙（俗稱腦霧）常見的代表性症狀之一。

譫妄的治療，有很多種方法，最重要的是找出造成譫妄的原因，可能是疾病或外傷什麼的，早期發現，早期治療。再者，藥物也有可能是造成譫妄的原因，只要停止服藥，譫妄就消失了，也曾出現這樣的案例。因此，病人入院後，在他的床邊擺個時鐘、月曆或是家人的照片，都有助於他掌握現實，減輕他的心理壓力。為了調整睡眠作息，也可投予有效的藥物。有的醫院更會籌組跨部門的醫療團隊，讓不同專業的醫護人員共同合作，對病人做出最適當的處置。一旦治療遇到瓶頸，也可請精神科介入，參與醫療計畫。

像譫妄這樣，患者的精神狀態突然有這麼大的改變，看上去是很嚇人的。摯愛的家人突然胡言亂語，變得暴力、有攻擊性，家屬會感到憂心不安也是理所當然的。這個時候，何者的幫助最大？知識就是力量，充足的「知識」是你堅強的後盾。

彎彎繞繞的鼻腔

「鼻咽擦拭液」

因新型冠狀病毒肺炎在全球流行所致，之前只有少數專家才熟悉的醫學常識，現在已經廣為人知了。比方說，「聚合酶連鎖反應」（polymerase chain reaction, PCR）這個自然科學的專業術語，在日本，竟頻頻出現在街頭巷尾的招牌上，便利商店、藥局的產品包裝上，這是做夢都想不到的事。

還有一個非常經典的例子，就是用來檢查是否確診的「鼻咽擦拭液」。把棉籤戳入鼻孔，擦拭喉嚨深處所取得的液體，是鼻咽擦拭液，也就是我們一般常講的鼻咽快篩。

為了了解病情，做出正確的診斷，我們通常必須從患者身上採取各種檢體。把針刺入血管，抽取血液，驗血；採取尿液，驗尿；透過腰椎穿刺術，抽取脊髓液進行檢查等等，可說是不勝枚舉。在醫療現場，每天都會有無數的檢體來自患者的身體，被送往檢查。

其中，「鼻咽擦拭液」是為了檢測喉嚨深處黏膜是否已被病原體入侵而採集的檢體。這個區塊，醫學上叫做「上呼吸道」，是最容易受微生物感染，進而引發各種傳染病的地方。

我們每個人，每天呼吸的次數高達二萬五千次。當我們吸入空氣時，也把空氣中的微生物吸了進來，而「上呼吸道」正是微生物進入的玄關口，這個地方容易受到感染也就不足為奇了。

懷疑自己感染了新冠肺炎，做過鼻咽快篩，有戳鼻子經驗的人應該很多。

不過，在新冠疫情爆發之前，日本說到鼻咽快篩，最先想到的是流感的檢查。往年一到流感好發的季節，醫生們每天都要把棉籤戳入無數個鼻孔，為採取鼻咽擦拭液而忙碌奔波。

戳鼻子是門技術活

要從鼻孔把棉籤戳進去，直達喉嚨深處，其實出乎意料地難。如果事前沒做功課就直接下手的話，通常第一次都不會成功。那是因為鼻腔內部的空間，遠比我們想像來得複雜。

因此，作為醫生，事先一定要學會棉籤戳入的方法，這是必修的課程。不過，說到底，重點也只有一個：那就是「棉籤戳入的角度要與臉垂直，斜斜地朝耳朵的方向去。」人類的鼻孔是朝下的，不像豬的鼻孔就位在臉的正面，如果傻傻地、不分青紅皂白地就「由下往上戳」，很容易受傷，也到達不了咽喉深處。畢竟這不是「挖鼻孔」，只要把手指伸入鼻孔就得了。想要讓棉籤抵達喉嚨深處，必須讓它與地面保持水平，斜斜地往前推進才行。

請你想像一下，自己的鼻孔和喉嚨深處是處於怎樣的位置關係呢？再怎麼說，喉嚨都不會在鼻孔的「上方」吧？只要了解這一點，自然就明白棉籤該往哪個方向戳去了。

鼻血是從哪裡流出來的？

流鼻血的時候，第一步要做的是「加壓」，因為只要壓迫血管，使血流量減少，血便可以止住。問題是，很多人不知道要壓迫鼻子的哪個部位最有效果。誤以為鼻血是從鼻子深處流出來的，因而拚命按壓鼻孔上方，也就是鼻子上面堅硬的部分（鼻骨）而止不了血的人也不在少數。

其實，九〇%的鼻血是從「離鼻孔很近的地方」流出來的(7)。這個地方被稱為「鼻中膈」，是微血管多且脆弱的部位。

因此流鼻血的時候，我們應按壓鼻子的入口，也就是鼻子兩側圓鼓鼓且柔軟的、被稱為「鼻翼」的部位。用拇指和食指確實捏緊這個地方，至少五～十分鐘。若血還繼續流的話，就反覆加壓，這樣大部分人的鼻血應該都可以止住。反過來說，鼻血流不止，大多是因為加壓的時間不夠，或是加壓的部位不對。不過，壓了二十～三十分鐘，也壓對地方了，但血還是止不住的話，那就應該去醫院接受治療了（8）。

「鼻子內部空間是怎樣的構造？」要正確地理解這點，想不到挺困難的。人的整副軀體裡面，大概只有「自己的臉」可以直接看個仔細，至於鼻孔什麼的，想要一睹廬山真面目還真有困難。

今天如果是手腳、四肢流血的話，要找到出血部位並不困難。但是鼻腔出血，光是要了解「血是從哪兒流出的」，就不是件簡單的事。

順道一提，流鼻血的時候，有人會把頭往後仰，想說等血自己止住，然而，這樣做很容易把血吞進肚子裡，引發嘔吐、頭痛等不適症狀，所以並不推薦。還有人會把衛生紙捲成一團塞進鼻孔裡，卻因施加的壓力不夠而導致止血的成效不彰。

總之，出血的時候，壓迫患部止血是最重要的事。不僅是鼻血，此原則適用於所有出血。我們外科醫生在手術中遇到病人急性出血時，最先做的也是「加壓」止血。

如果你哪天真的不幸受傷，面臨嚴重出血的情況，記住當務之急是對出血點加壓，這是最正確的緊急處置，千萬別忘了。

鼻子「塞住了」是什麼情況？

小時候有件事，我一直百思不得其解。因為感冒或花粉症導致鼻子塞住的時候，有時我一擤就會有很多鼻涕流出來，一下子就清爽了；但有時不管我怎麼擤，鼻子就是不通，感覺超不舒服的。

我都擤了這麼多次，照理說，鼻腔內的鼻水應該全被排了出來了，我一擤再擤，擤到最後，「已經擤不出半滴鼻涕了，鼻子卻還是塞住的」，這是什麼道理？這樣的經驗應該每個人都曾經歷過。像我自小就是過敏性鼻炎的患者，這個問題一直讓我想不明白。

學醫之後，這個問題一下子就解開了。原來擤再多次鼻涕，鼻子還是不通的原因，不是因為「鼻水蔓延了整個鼻腔」，而是因為鼻腔黏膜腫脹、增厚，導致「通道變窄」的緣故。

當臉或手腳被燙傷、被蟲咬，引發炎症什麼的，這時受傷、發炎的部位會出現「腫脹」的現象，我們從未對此感到疑惑。那是因為從小到大，我們見過太多類似的情況，這樣的身體變化早已司空見慣。所以，當鼻子因為感染或過敏，導致鼻腔黏膜腫脹，應該也不是多麼不可思議的事。

身體看不到的地方所發生的變化，確實很難憑空想像。不過，若能擁有醫學常識，便能舉一反三，要去理解這些奧祕也就容易許多了。

人體最「硬」的部位

輕鬆粉碎胡蘿蔔

請問你可以徒手捏碎胡蘿蔔嗎？或許有人做得到，但這樣的人應該極為少數吧？別說徒手了，就算用上工具也沒那麼容易。

不妨環顧一下四周：手機、筆、杯子、電腦。此刻映入你眼簾的，看上去頗「硬的東西」應該不少吧？但是，用這些來粉碎胡蘿蔔，還是有難度。

其實你自己身上就有能夠輕易將胡蘿蔔碾碎的工具，那就是牙齒。

把胡蘿蔔切成一口大小，放入口中，咀嚼個幾下，胡蘿蔔一下子就不見了。粉碎胡蘿蔔，化胡蘿蔔於無形，好像也沒那麼困難。且不說味道好不好，只要擁有健康的牙齒，任誰都可以在數十秒內粉碎胡蘿蔔，這個功能實在是太強大了。

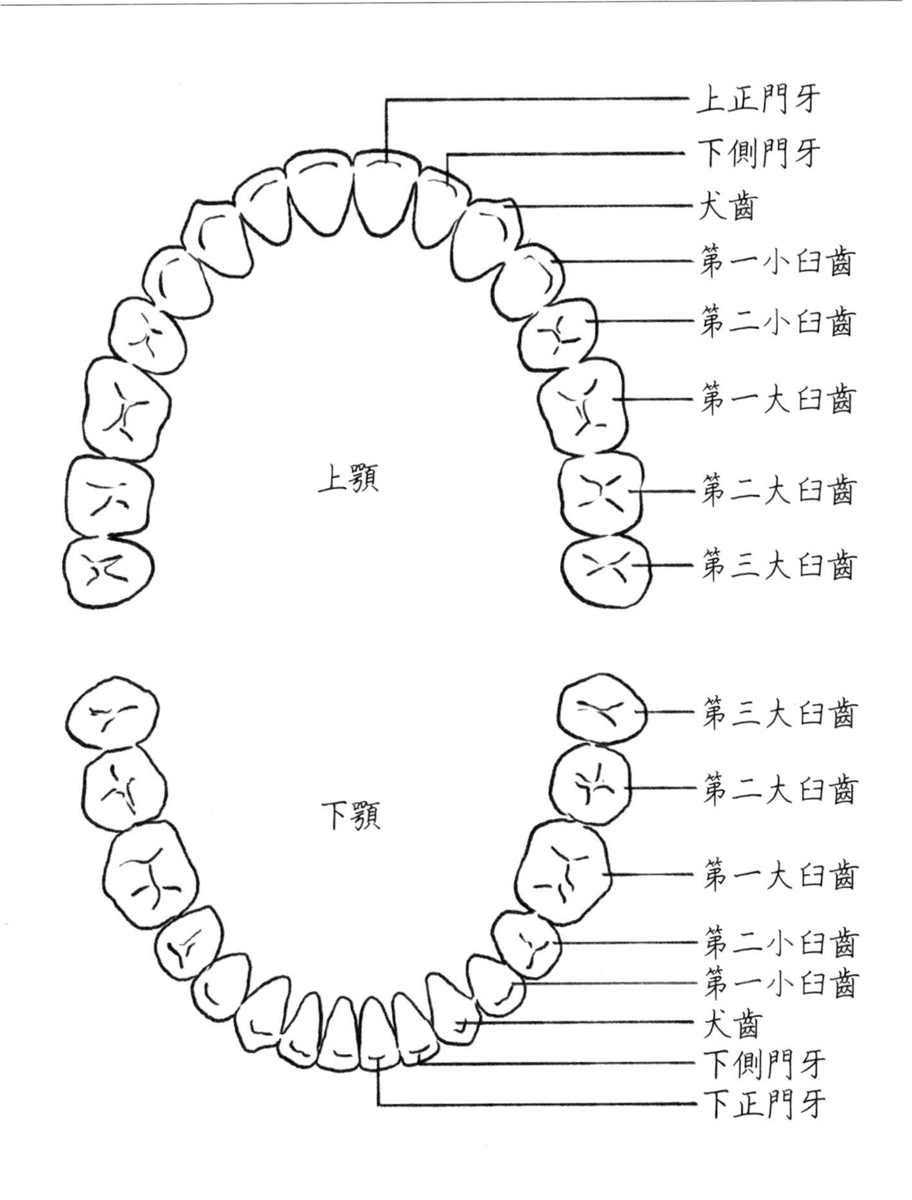

人類恆齒位置圖
（※圖左側的牙齒名稱相同）

鑽石	10
琺瑯質	5～8
象牙質	5～6
牙骨質	4～5
玻璃	5
鐵	4
骨頭	4～5
指甲	2.5
粉筆	1

莫氏硬度表

牙齒表面的琺瑯質是人體最堅硬的部分。「莫氏硬度」為表示硬度的指標，琺瑯質的莫氏硬度為五～八，比硬度四的鐵還硬（9·10）。排在琺瑯質後面的象牙質、牙骨質、玻璃，也差不多是同樣的硬度。總之，牙齒的硬度是出類拔萃、超乎想像的。

因此，你應該能真實感受到，當我們在從事進食（咬碎食物，把它變成容易消化的樣子）這項大工程時，牙齒是多麼好用的工具了吧？

牙齒的危險性

牙齒的超強「硬度」在某種程度上，意味著「殺傷力」。想要傷害別人，牙齒比身體的其他部位都還要好用。

在醫院，我們有很多機會診治被動物咬傷的患者。這種外傷被稱為「動物咬傷」，造成動物咬傷三種頻率最高的動物，分別是狗、貓，還有人。狗、貓是人類豢養的寵物，被家裡的毛小孩咬傷並不稀奇，也很常見，但沒想到被「人」咬傷的案例也不少。

事實上，醫生還有護理師，是最容易遭遇「被人咬傷」這種職業傷害的一群人。譫妄發作或是患有失智症的人咬傷醫護人員，這樣的案例在醫療現場時有所聞。

再者，在對人臉揮拳之時，拳頭不小心碰撞到對方的牙齒，導致指甲斷裂、受傷，這也算是被人咬傷的一種。

被咬傷的人為了隱瞞自己動手打人（他是施暴的一方）的事實，總會輕描淡寫地說：「是自己不小心跌倒、撞傷了。」但身為醫生的我們一定要正確地判斷，這是「動物咬傷？還是一般的外傷？」為什麼呢？因為傷口的感染風險天差地遠。

人類的口腔，是人體「最骯髒的區塊」之一。嘴巴裡面住著成千上萬個細菌。被咬傷的時候，細菌有可能隨著牙齒進入皮膚的底層，引起深層感染。一旦感染擴散到全身，有很大機率會引發攸關性命的嚴重問題。這也是為什麼我說牙齒的「殺傷力很強」的原因之一了。

打架時造成的人咬傷傷口，英文叫做「Fight bite injury」，其中「bite」就是「咬」的意思。被咬的人通常不會主動提及自己是怎麼受傷的，等到傷勢急速惡化，才跑來醫院就診，一不小心就錯過了醫治的黃金時機。對醫生而言，這可是凶險至極、不可輕忽的外傷。

說個題外話，被狗、貓咬傷所引發的感染症中，就數「犬咬症」最為恐怖。這是一種由犬貓口腔的常在菌「犬咬二氧化碳嗜纖維菌」（Capnocytophaga canimorsus）所引發的疾病。當傷口被此菌感染，甚至擴及全身的話，可能會招致敗血症。雖說這樣的病例並不常見，可是一旦演變成敗血症，死亡率將高達二五％，須盡早、及時投以殺菌藥（抗生素），才能挽回性命(11)。

被動物咬傷的傷口通常不大，不是專家的我們，很難認知其危險性。然而，從那小小傷口入侵的細菌，有可能引發全身性的疾病，要了你的性命。

牙齒的「殺傷力」，真的不容小覷。

「凶殘」的咬合力

牙齒的殺傷力大，不僅是因為它的「硬度」很高的緣故。動物擁有巨大的咬合力，這「咬東西的力氣」也是原因之一。通常，表示咬合力大小的單位為ＰＳＩ（pounds per square inch），也就是每平方英吋受力的磅數。

人類的咬合力，平均為一百六十一ＰＳＩ，也就是一平方英吋的受力為七十三公斤(12)。試想比鐵還硬的東西挾著比成人還重的重量壓下來，破壞力絕對超乎想像。

話說自然界裡面，人類的咬合力還是排行倒數的。地球上咬合力最大的動物，是棲息在非洲大陸的尼羅鱷，牠的咬合力有五千ＰＳＩ，等於每平方英吋的受力高達二．三公噸。

順道一提，河馬的咬合力為一千八百ＰＳＩ，大猩猩則為一千三百ＰＳＩ，是同為哺乳類的人類的十倍。

動物嘛，必須吃其他生物才能活下去。因此，牙齒的硬度和咬合力可是攸關生存、不可或缺的能力。

進入身體的食物沒有回頭路

從口腔到肛門

食物的通道，從口腔到肛門，只有這麼一條路。走在這條路上，必須一路前行，不能回頭，也不能離開或是繞道。你心想，這不是廢話嘛，但對人體而言，這其實是一大缺點。

試想一下：從東京到大阪，唯一能走的只有一條高速公路。沿路沒有出口，你不能下交流道，走外環道路，也沒有替代道路。唯一的交通手段，就是一條高速公路。

如果這一路都很順暢的話，當然沒有問題。但是，假使有事故發生了呢？譬如說，半路有車輛翻覆，能夠使用的車道減少了？或者，好幾台車追撞在一起，害得道路完全被封鎖了呢？

這下肯定會交通大打結。可是出口還在遠方，你既不能回頭，也無法繞開事故現場，只能耐心等候障礙排除，塞車情況緩解。

當然，在現實生活中，從東京到大阪，不可能只因一起事故就造成交通機制出現漏洞。我們有很多解決的方法，像是下交流道，走一般道路，先避開事故現場，之後再重上高速公路；或是改搭新幹線或飛機，一樣可以順利抵達大阪。

然而，遺憾的是，人體被設計成「只要發生一起事故，就會造成運輸功能的癱瘓」。因為，再強調一遍，從嘴巴到肛門，只有一條無法回頭的路。

人體運輸功能出現破綻

人體運輸功能出現破綻，無法正常運作，是怎麼一回事呢？

比方說罹患胃癌的人，癌細胞通常會擠在胃的出口處，也就是俗稱「幽門」的地方。這個地方跟胃的中段相比，本來就比較狹窄，是身體為了防止食物逆流回胃袋所設的一個閘口和關卡。

偏偏胃癌最常長在出口附近。癌細胞擴散到幽門，害幽門變得更窄，是常有的事。幽門太窄，食物過不去，於是大塞車便發生了。即使什麼都沒吃，唾液和胃液還是持續分泌。胃和食道脹大，出現劇烈嘔吐。這種症狀稱為「幽門狹窄」，跟一條必須走到底的路突然發生交通事

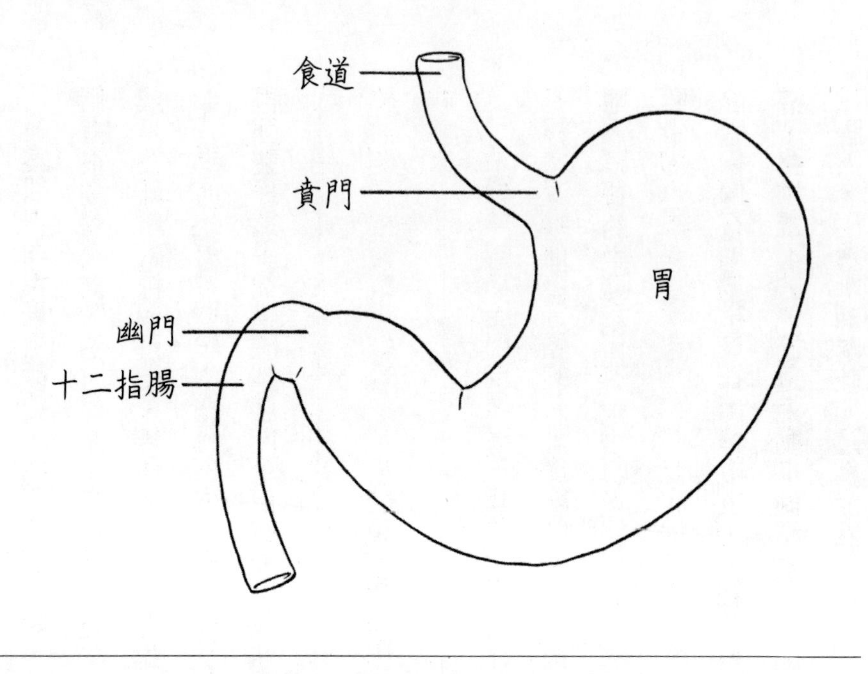

胃的全貌

故的情況一模一樣。

當然，胃的封閉不會自動解除或消失。若幽門狹窄是因胃癌所導致，一般會動手術直接將腫瘤切除；或是進行「繞道手術」（Bypass surgery），繞過狹窄（變窄）的部位，把前面的胃和下方的小腸接在一起。若是用交通事故來做比喻的話，前者就是「出動拖吊車，將事故車拖走、移除」，後者則是「進行緊急施工，另外開一條路，疏散打結的交通」。

不過，今天如果是大腸長了腫瘤的話，就會變成排便的通道被堵塞了。上游大塞車，導致大腸，以及大腸前面的小腸脹大，肚子整個鼓了起來。便便排不出去，病人出現劇烈的腹痛和嘔吐。這個症狀叫做「腸閉塞」。看吧，只能往前走到底的路，一旦發生交通事故，就會非常嚴重。

處理因大腸癌引發的腸閉塞，有多種治療方法。第一種，是動手術把腫瘤切除，也就是強行把事故車輛排除的方法。第二種，是在事故現場之前另闢一個出口，亦即裝設所謂的人工肛門。在肚子上挖個洞，把排便的出口改在腹腔上。兩者都是必須動到外科手術的方法。

第三種，是使用內視鏡（大腸鏡），把網孔細小的記憶合金筒插入狹小的通道，想辦法從裡面把通道撐開來的做法。這個網筒稱為「支架」。金屬網孔深咬進腫瘤裡面，趁機把通道撐大。用交通事故來做比喻，就是把事故車輛先推到左右兩側，再用擠壓機把它們壓扁的做法。雖然路肩會留有車輛殘骸，但至少車道清出來了。患者能夠再度進食，營養狀態也因此得到了改善。

不過，和車子不一樣，腫瘤被擠壓到兩邊後，還是會持續長大。過不了多久，又會再度阻塞通道。因此，等身體狀況比較穩定了（指身體可以承受全身麻醉的風險），還是得把腫瘤切除，順便把支架取出來。

動大腸癌手術，指的是把罹癌的那段大腸切除並取出的意思。先插入支架，之後再進行切除手術。在大腸被切開、露出支架的那一瞬間，我們會看到腫瘤就好像炭烤牛排似的，上面印滿了格子紋。即使遭受擠壓破壞，癌細胞還是能在孔隙裡繁殖、長大，這樣的腫瘤實在是太可怕了。

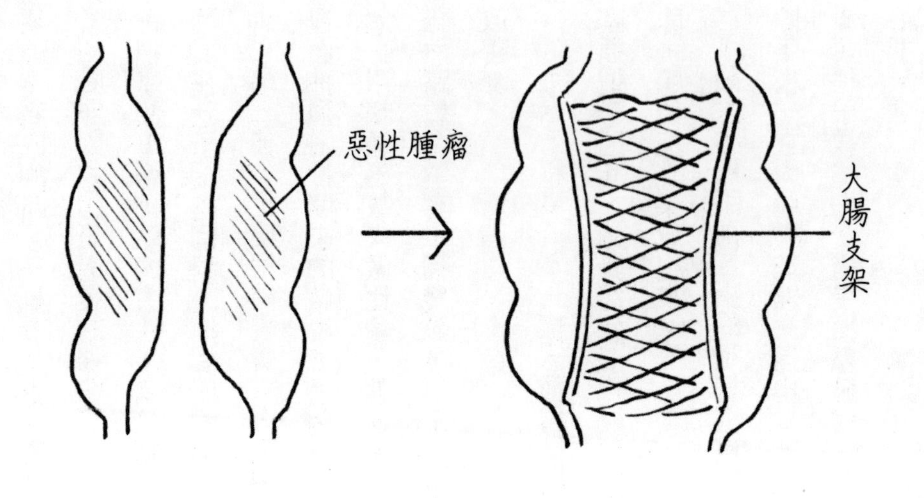

大腸支架

順道一提，日本人罹患率最高的癌症，大腸癌是第一名、胃癌是第三名（第二名是肺癌）。僅此一條、無法回頭的通道，偏偏是最容易長癌的，想來還真是叫人鬱悶啊。

名爲「支架」的工具

為了維持人體大大小小「管道」的暢通，恢復其正常運輸功能而開發的工具，統稱為「支架」（stent）。關於支架一詞的源頭有各種說法，一般認為它是以十九世紀發明牙齒治療醫材的英國牙醫查爾斯・湯瑪斯・史坦特（Charles Thomas Stent，一八〇七～一八八五年）的名字來命名的（13）。

前面講到的用於治療大腸癌的支架，稱為「大腸支架」，除此之外，其他大大小小的管道也會用到支架，比如說，疏通尿管的叫做「尿管支架」，疏通膽管的則叫「膽管支架」。

其中，最廣為人知的，應該是用於心臟周圍之冠狀動脈的支架。冠狀動脈硬化、變窄，將導致狹心症、心肌梗塞等疾病的發生，這時將支架插入血管變窄的地方，把它撐大，就可以讓血液正常流過去了。

再者，也可針對冠狀動脈堵塞的部分，另開一條路，進行疏通。這是前面提到的「繞道手術」，望文生義，就是繞過塞車的地方，另走他路的做法。

總之，我們全身布滿大大小小的管道，很容易出問題。為了排除這些「交通事故」，醫療正不斷精進各種處理的手段。

吸氣與吐氣的差別

其實二氧化碳只有一點點

應該很多人會籠統地以為：所謂「呼吸」這個活動，就是把氧氣吸進來，把二氧化碳吐出去；或是植物吸收二氧化碳、釋出氧；動物則吸收氧、釋出二氧化碳，兩者正好相反，有這種觀念的人應該也不少。

一九九〇年代，日本當紅樂團「たま」（tama）的暢銷單曲〈再見人類〉（さよなら人類）的歌詞一開始便寫道：「我們吐出的二氧化碳，被那孩子給吸了去。」如果這歌詞說的是事實，那麼在對因心肺停止而昏倒的人進行嘴對嘴人工呼吸時，不是把二氧化碳給輸了進去了嗎？病人都已經缺氧了，還給他輸二氧化碳，這不是救命不成反害命了嗎？

當然，這種事不可能發生。換句話說，我們並非單純地「吸進氧氣，吐出二氧化碳」而已。

「吸氣」是把氣吸進來，「吐氣」是把氣吐出去。我們在這裡分析一下這些「氣」的成分。吸氣的話，吸的是空氣，成分自然與空氣相同：氮七八％、氧二一％、二氧化碳〇．〇三％。

那麼，吐氣又是如何呢？其實，吐出的氣裡面，氮依舊是七八％或更高一點，氧一七％，二氧化碳則為四％。這樣一比較便能發現，吸入的氣與吐出的氣，其實成分並沒有多大的差別。所以說，我們動物一整天都在做白工，吸進來的空氣只用掉一點點，其餘大部分都被排出去了。

呼吸竟然這麼「淺」？

現在的你正毫無自覺地呼吸著空氣，對吧？請正常、自然地呼吸個幾次：吸、吐、吸、吐……，然後在吸氣的時候打住，「暫停」幾秒，接著繼續吸，吸到最飽，看你還能吸進來多少？你將驚訝地發現：原來我還可以吸進這麼多空氣！跟吸到最飽的量相比，我們平常吸進來的氣也太少了吧！

現在反過來做吐氣的實驗。一樣，先正常呼吸個幾次，吸、吐、吸、吐……，然後在「吐氣」的時候打住，「暫停」幾秒，接著繼續吐，吐到最乾淨，看你還能吐出多少？你將發現：原來我還可以吐出那麼多空氣！

上述實驗讓我們了解到：在呼吸這檔事上，我們保存的「實力」，遠超乎自己的想像。

平常、自然呼吸時一次吸入或呼出的氣量，稱為「一次換氣量」。照字面的意思，就是在一次呼吸週期中，肺吸入或呼出的氣量，又稱為「潮氣量」（Tidal Volume, TV）。健康成人的潮氣量約為五百毫升。換句話說，我們每次呼吸約有一個小寶特瓶的空氣在肺裡進出。

另一方面，在潮氣量之外（超過一次換氣量的五百毫升）再吸入的最大氣量為補吸氣量，又稱為「吸氣儲備量」（Inspiratory Reserve Volume, IRV）。吸氣儲備量因人而異，但通常為二千～三千毫升。經過剛才的實驗，應該有不少人會訝異於「原來我還可以吸這麼多？」數據會說話，吸氣儲備量是一次換氣量的四倍有餘，所以沒啥好奇怪的。

反之，在潮氣量之外（超過一次換氣量的五百毫升）再呼出的最大氣量為補呼氣量，又稱為「呼氣儲備量」（Expiratory Reserve Volume, ERV），約為一千毫升，是一次換氣量的兩倍。回想剛才的實驗，你是不是覺得：「原來我還有那麼多氣沒吐乾淨？」然而，跟「吸氣保留的實力」相比，呼氣儲備量還是遜色了點，對吧？

話說，你已經體驗了自己「最多能吸進多少空氣」（最大吸氣量），以及「最多能吐出多少空氣」（最大呼氣量）。而最大吸氣量與最大呼氣量的總和，便是你的「肺活量」，意味著最大吸氣後盡力呼出的氣體總容積。「肺活量」這個詞，我們在日常生活中經常用到，但醫學上其實是這樣定義的。

再來，還有一個重點。就算你費了九牛二虎之力做到「最大呼氣的極限」，肺裡的空氣依然沒有全數排出去，這殘留的氣量稱為「餘氣量」，大約為一．五公升。雖然你已經盡最大努力，想要把氣吐乾淨，體內依然存有大量的空氣。

說個題外話，我小時候第一次使用呼吸管浮潛的時候，腦海裡突然閃過一個疑問：是不是呼吸的管子越長，我就可以潛得越深、維持呼吸越久呢？

當然這是異想天開，根本沒有這種事。但是，你知道為什麼嗎？

比方說，我真的準備一根長管子好了，管內的容量設定為五百毫升，正好是一次換氣量。這時就算我按平時正常的方式呼吸，能吸到的也只有管子裡面的空氣，外面的新鮮空氣幾乎是進不來的。是喔，那我把管子的容量加大，跟肺活量的四百毫升一樣，又如何呢？這種情況下，就算你拚命地吸、努力地吐，進出你身體的依然只有管內的空氣。不消片刻，氧氣就會被消耗光，這下子你就會缺氧了。

當然，這牽涉到的不只是管子容量的問題。潛得越深，胸腔所承受的壓力就越大，為了對抗水壓，胸腔必須不斷擴張才能呼吸得到空氣。再講下去，情況會更加複雜，所以，我們先就此打住。

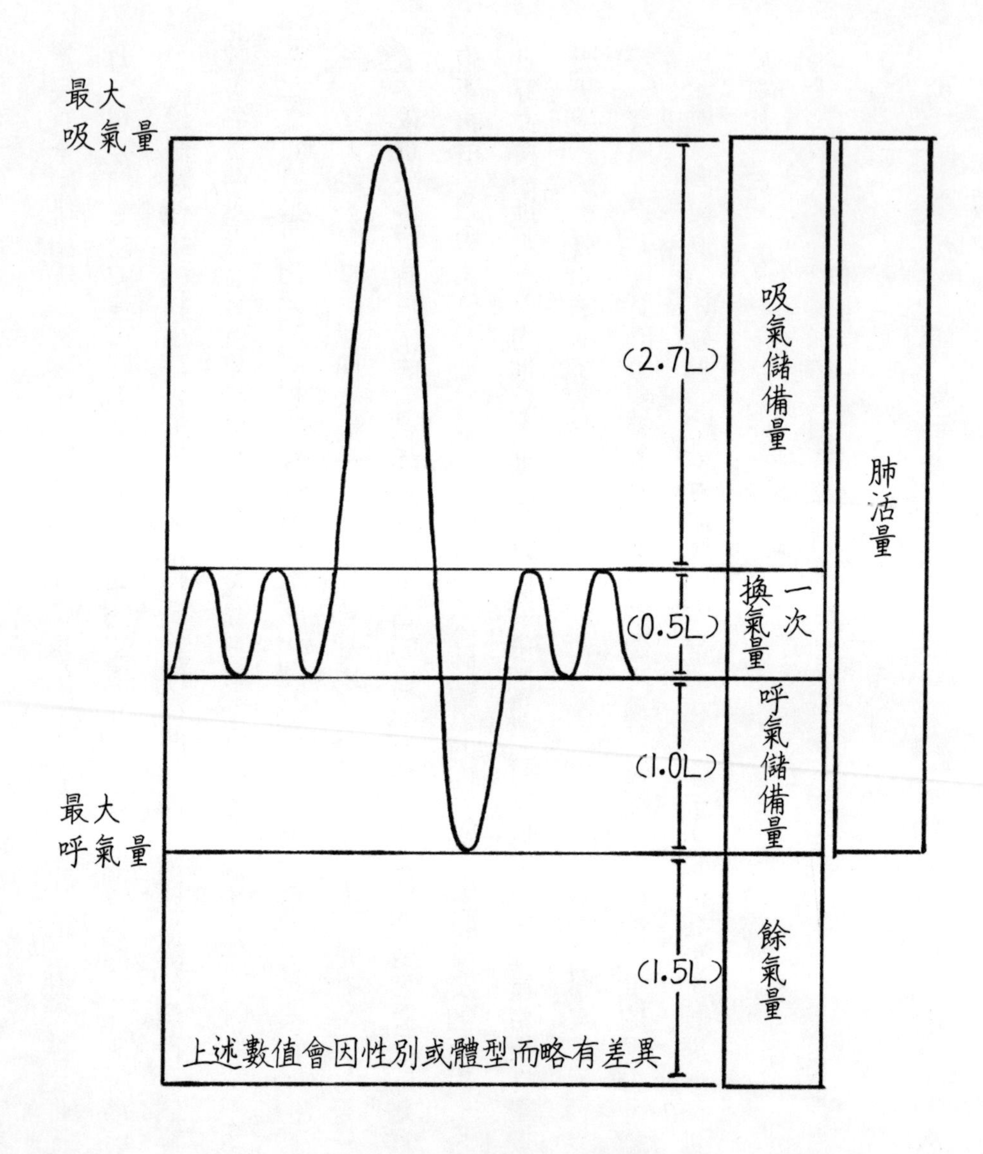

最大吸氣量和最大呼氣量

工作效率差的呼吸

話說，我們為什麼要呼吸？這不是廢話嗎？當然是為了把啟動全身臟器的氧氣從外面輸送進來。不僅如此，在製造能量的過程中，會產生二氧化碳這樣的老舊廢物，也必須把它排出去才是。

肺裡面充滿了密密麻麻、被稱為「肺泡」的微小囊包，數量多達三億至五億個。這些囊包的表面積加總起來，約為一百～一百四十平方公尺，相當於半個網球場的大小。因為面積夠大，使得圍繞在肺泡周圍的無數微血管能夠有效率地把氧氣吸進來，把二氧化碳排出去。這個現象被稱為「氣體交換」，很簡單，因為是氧氣和二氧化碳這兩種氣體進行交換。氧氣隨著血液被送往全身各處，相反地，二氧化碳則隨著血液被送回肺部。

只是，從嘴巴到肺泡，路途實在是太遙遠了。口腔、鼻腔、喉嚨、氣管，「雖是呼吸道，卻完全不具備氣體交換的功能」，因此，這一區又被稱為「死區或無效腔」（dead space）。事實上，成人的死區容量也有一百五十毫升。一次換氣量為五百毫升，這意味著我們每次吸進來的五百毫升空氣，並沒有全部用於氣體交換，很多都浪費掉了。

不僅如此，我們的身體一分鐘約需消耗二百五十毫升的氧氣以產生能量。所以，正常呼吸的話，只需二分鐘，氧氣就會見底。加上體內沒有空間可以儲存多餘的氧氣，一不小心就會「入不敷出」，陷入「負債經營」的窘境。

是的，呼吸的「工作效率」超乎想像地差。對比一天只要吃三次飯就能維持身體運作，呼吸卻要二萬五千次才行，由此就可見一斑了。

缺氧有多可怕？

一九九二年八月十日，某大學的研究室，發生了兩名男性死於低血氧症的意外。事情的經過是這樣的。

那天研究室的冷卻設備故障，兩人遭遇了室內溫度正逐漸上升的危機。由於他們的實驗必須用冰，在極低溫的環境下進行，當務之急是趕快讓室溫降下來。這時他們想到了一個方法，就是潑灑實驗室內隨手可得的液態氮。

瞬間，大量的液態氮氣化，不到二十平方公尺的小房間內煙霧瀰漫。如其所願，室溫顯著下降，但室內的空氣同時也快速被氮氣所取代。室內的氧氣濃度明顯不足，吸入這空氣的兩人，瞬間失去了意識，就此一命嗚呼。

我們人類是非常禁受不住缺氧的生物。進到氧氣濃度低的環境，馬上就會面臨死亡的威脅。大氣中的氧氣濃度為二一％，當氧氣濃度降到一六％時，我們會出現頭痛、嘔吐等症狀；降到六％以下，則會瞬間暈厥、呼吸停止，甚至死亡(14)。

一般來說，在容易缺氧的環境下工作的人，屬於這類事故的高危險群。特別是像井底或人孔蓋等長期積水的半密閉空間，裡面的氧都被汙水中的細菌給消耗光了，濃度非常低。進到這種地方，可能「一口氣之間」就失去了意識，就此丟了性命。

因此，在這種高風險環境工作的人，作業時一定要選派參加過特定講習的人擔任作業主任，在一旁監看。同時，作業現場也要持續監測氧氣的濃度，確保它維持在一八％以上。關於氧氣濃度，「人體的安全邊際」真的很低，什麼都可以缺，就是氧氣不行。

至死方休的呼吸

在水中發現屍體的時候，我們如何判定「死者是生前落水、溺水死的？還是死於其他原因，死後才落水（被推落水中）的呢？」

判斷的方法有好幾種。首先，溺水者的屍體，在口、鼻、氣管內會發現白色的泡沫，這是一大特徵。如果是生前落水的話，那麼直至死亡的那一刻，人都會想辦法呼吸，導致水在氣管內激烈進出。這些水化作細小的泡沫，充滿呼吸的通道。反之，死後才掉入水中的屍體，早就沒了呼吸，也就不會出現這樣的現象。

再來就是看身體裡面有沒有浮游生物，這也是判斷的方法之一（15）。如果是生前落水的話，浮游生物會因為水中的呼吸運動，從氣管進到人體裡面，順著血液流往身體各處。如果在死者的肝臟、腎臟等器官處發現浮游生物的蹤跡，就足以證明：「他在水裡的時候還活著」。直到死前的最後一刻，他的呼吸、還有血液循環系統都還在運作著。

其實，在火災現場發現屍體的時候，臨死前的呼吸狀態也是判斷：「死者是燒死的？還是死於其他原因，死後才被焚燒」的重要關鍵。

首先，看氣管內有沒有煤。如果真的是被燒死的話，死者到死前的最後一刻都還在呼吸，導致支氣管的底部吸入大量的煤灰。此外，口腔或喉嚨黏膜有燒燙傷的痕跡，也是被燒死者的特徵之一。這是因為他本能地會呼吸到最後一刻，吸入高溫的氣體所致。再者，眼睛進了煤灰，也是同樣的道理，這表示他的眼睛一直是張開的。換句話說，在火災發生的當下，人還活著。

此外，血液中碳氧血紅蛋白（COHb）的濃度升高，也是被燒死者的特徵之一。火災現場充斥著高濃度的一氧化碳，會隨著呼吸進入到血液中，快速與紅血球內的血紅素結合，形成碳氧血紅蛋白，這便是一氧化碳中毒的原因。關於這點，第五章會再詳述。總之，若在血液中驗出高濃度的碳氧血紅蛋白，便表示火災發生的當下，死者的「血液仍在循環著」。

是的，像這種死後不再發生，只有在活人身上才會出現的現象，稱為「生活反應」（vital

reaction，譯註：活體對各種致病因子與外傷的反應）。想知道死者是溺死、被燒死？是死後才被棄屍，或是被毀屍滅跡？首先得釐清屍體身上的變化是「生前或死後才發生的」，這點至關重要。

這就是醫學領域中被稱為「法醫學」的學問。

喉頭的功與過

令人意外的「第六大死因」

日本二〇二一年的國人十大死亡原因排行榜，第一名是癌症（惡性腫瘤），占了總死亡人口的四分之一，接著是心血管疾病或衰老等大家耳熟能詳的病症。在我看來，這裡面知名度特別低的，應該是第六名的「誤嚥性肺炎」（吸入性肺炎）吧？

根據日本國立國語研究所的調查，日本只有五〇・七％的人確實理解「誤嚥」（go.en）這個詞的意思，甚至有一三・九％的人把它跟發音近似的「誤食」（go.in）搞混[16]。

「誤食」指的是誤吃非食物的異物，像是小朋友會誤食玩具、電池或香菸，老人家則會不小心把假牙吞下肚，這些都是常見的例子。

「誤嚥」則是完全不同的現象。誤嚥指的是本該進入食道的食物或飲料，誤入呼吸的通道（氣管）。誤嚥的「嚥」

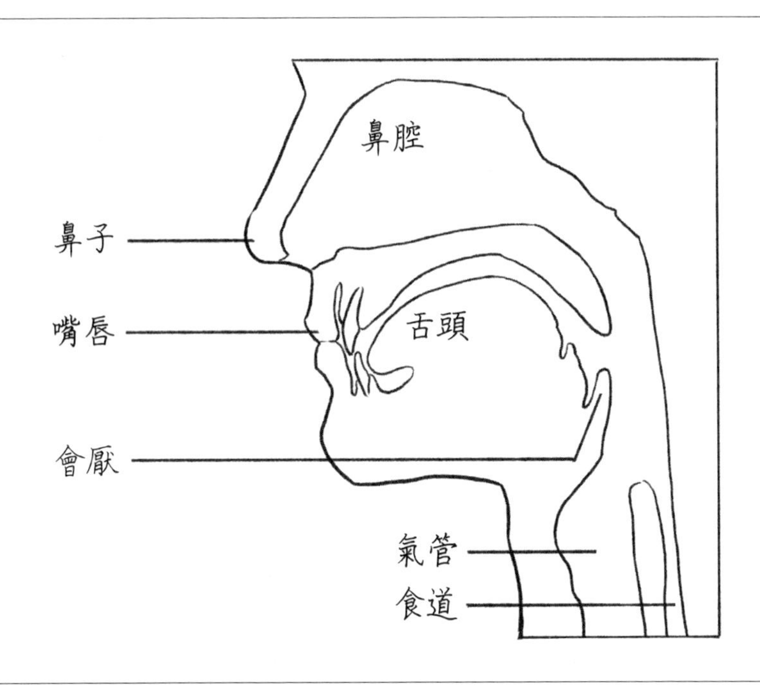

會厭

是「吞食」的意思。把東西送進喉嚨的動作叫「嚥下」。這兩者都是平日裡不太會用到的醫學術語。

事實上，食物和空氣經由同一個入口，進到我們的身體後就馬上分道揚鑣，各走各的。我們的身體每天都在做著繁雜的篩揀事務。

人體喉嚨深處，分成兩條路，一條通往氣管，一條通往食道。當我們吃或喝東西時，擋住氣管入口的蓋子會瞬間闔上，讓食物只會流向食道。這個蓋子名叫「會厭」，俗稱「喉頭蓋」。

不妨想像一下這樣的畫面：聚餐的場合杯觥交錯，大夥兒相談甚歡。你一邊毫無自覺地呼吸，一邊把菜送進嘴裡、喝著啤酒。但是，你知道嗎？這期間喉頭可是一刻都不得閒，正忙著把食物（飲料）和空氣一一分揀開來。然而，我們完全察覺不到這種情況，照常開心聊天、享受美食而不受影響。你說，喉頭的性能是不是很優越？

那麼，一旦從嘴巴進來的食物誤入了氣管而非食道的話，會發生什麼事呢？這個大家應該都有經驗，我們會突然嗆到，非常難受，進而猛烈咳嗽，這是身體的反射反應，為的是把侵入呼吸道的異物咳出去。

這件事若發生在年輕、健康的人身上，倒是不用擔心，但在老年人身上就不一樣了，因為老年人把異物咳出去的功能已經退化了。

不僅如此，隨著年齡的增加，吞嚥能力會變差，把食物（飲料）和空氣「分錯」的機率也會增加。就這樣，食物或飲料，連同口腔裡的細菌，一起進到了肺裡，一不小心就會引起肺炎。情況惡化的話，甚至會危及性命，這便是老人家經常發生的誤嚥性肺炎。

「誤嚥」的風險，主要是因為空氣和食物（飲料）進入喉嚨的「入口是相同的」。雖然這個入口具有優異的分揀功能，卻會隨著年齡而退化，如此說來，何嘗不是我們天生背負的宿命呢？

超恐怖的「喉頭蓋發炎」

位在氣管入口的高性能「蓋子」，也就是俗稱的喉頭蓋，對於我們能否順利進食，是不可或缺的存在。但是，如果這「蓋子」不知為什麼一直蓋著的話，那我們恐怕要窒息而死了。

有一種病叫「急性會厭炎」，就是因為這「蓋子」增厚、腫脹，擋住氣管而發生的。在一堆咽喉感染症中，它屬於最可怕的，一轉眼就能要了人的性命。

只是，不管我們把嘴張得再大，都看不到喉頭蓋，因此它有沒有腫脹，是沒辦法直接觀察的。當遇到患者說他「喉嚨痛，連吞口水都有困難」時，身為醫生的我們必須立刻做出判斷：這是急性會厭炎？還是感冒或一般咽喉炎引發的喉嚨痛？如果判斷可能是前者的話，就要第一時間進行精密檢查並投以抗生素治療。

早年急性咽喉炎曾讓很多孩子呼吸窘迫、困難，甚至失去性命。造成急性咽喉炎的原因，大多是被稱為 b 型流感嗜血桿菌（Haemophilus infulenzae b）的細菌。雖然名稱裡有「流感」兩字，但它跟流感的致病原流感病毒是完全不一樣的東西。前者是細菌，後者是病毒。

不過，近幾年來，兒童急性會厭炎的病例已經大幅減少，這都要歸功於「Hib 疫苗」的普及。所謂「Hib」是 b 型流感嗜血桿菌的英文首字，也是通用的簡稱。除了 Hib 以外，其他細菌也會引發急性會厭炎，但由於兒童普遍施打Hib疫苗的緣故，因Hib引發的急性會厭炎已大幅下降，結果就是成人比嬰幼兒更容易得到急性會厭炎。

在預防兒童感染致命的腦膜炎這方面，Hib亦發揮了卓越的功效。引進Hib疫苗之前，日本每年有一千人會感染細菌性腦膜炎，其中有六〇%是Hib所引起的。細菌性腦膜炎的致死率為二～五%，治療後還是有三〇%的人會在腦部留下後遺症，是非常可怕的疾病（17）。

不過，自從二〇一三年日本規定Hib疫苗為定期接種的公費疫苗後，致病原為Hib的細菌性腦膜炎已經減少了九九%，如今在醫療現場已經鮮少看到這類疾病了。

接種Hib疫苗，幾乎可以百分之百預防因感染Hib所引發的重症。這支疫苗的問世，不知拯救了多少孩童的性命，真可謂人類智慧的結晶。

「喉頭摘除」手術

二〇一四年，剛動完喉癌手術的音樂製作人淳君（Tsunku，日文：つんく♂，一九六八年十月二十九日～），出席公開場合、接受媒體訪問的時候，一定會在脖子上圍上領巾或圍巾，在領巾或圍巾的後面是永久氣管孔（18）。永久氣管孔是接受喉頭摘除手術後，新設的、方便空氣進出的人工造口。

喉頭是分揀空氣和食物（飲料）的場所。分揀後，一個往氣管，一個往食道。喉頭處有聲帶，空氣通過喉頭，使聲帶振動，讓我們得以發聲。

以喉癌為例，有時為了治療等目的，必須把喉頭全部切除。這時為了解決呼吸問題（因為氣管少了一截，空氣無法進到肺部），會在患者頸部下方開一個洞口，把氣管切斷口和頸部洞口縫合在一起，以便空氣進出。而這個新設的空氣進出口便叫做永久氣管口（氣管造口）。

做完這個手術後，再也不能用嘴巴或鼻子呼吸，氣管和食道也完全分割開來了。雖然不再有誤嚥的風險，但相反地，聲帶也沒了。

我們平常可以發出各種複雜的聲音、講話，全是因為氣管和食道的入口是同一個，喉頭的功能（兼具呼吸、吞嚥、發聲三種功能）十分強大的緣故。然而，以它為武器，物盡其用，實現超長壽夢想的人類，老後卻要面臨誤嚥而死的風險，真是太諷刺了。

日本人酒量差是天生的

乙醇與甲醇

二〇一二年九月，捷克發生了一起事故，喝了伏特加或蘭姆酒等酒精性飲料的民眾，陸續出現不適症狀，結果有四十幾個人身亡[19]。這起事件的受害規模頗大，好多人出現了失明等嚴重症狀，原因為酒精中毒。

甲醇（Methanol）是醇類的一種。所謂的「醇」（Alcohol），是只含碳（C）、氫（H）兩種元素的烴類（又稱碳氫化合物），其中的氫原子（H）被烴基（-OH）取代而成的化合物。

甲醇、乙醇（Ethanol）、丙醇（Propanol），這些有機化合物裡都含有「醇」。講到這裡，應該有不少人想起高中的化學課。

平日裡，我們習慣把酒稱為「酒精」，因此容易造成誤解，但酒裡面的酒精（醇類）其實專門指「乙醇」。乙醇會刺激中樞神經系統，引發「酩酊」（醉酒）現象。過量攝取的話，恐會危及性命，但適量的話，應該無礙健康。換句話說，乙醇是「人類喝了也沒事的酒精」。

相反地，甲醇對人體可就是劇毒了。雖然名稱相似，卻是完全不同的兩種物質。喝了甲醇的人，會出現頭痛、嘔吐、腹痛等多種症狀，視神經受到損害，視力變差，嚴重的甚至會失明。我們學醫的，為了記住這甲醇獨有的中毒症狀，會把甲醇的別名「Methyl alcohol」（羥基甲烷）記成「目散るアルコール」（傷眼酒精）（譯註：兩者日文發音相同，都是 me.ti.ru.a.ru.ko-ru）。總之，甲醇是一種少量就能致死的恐怖化合物。

當時的捷克，酒精性飲料的流通系統並不十分健全，導致混入甲醇的私釀酒流入了市面。那些運氣不好，在酒吧或雜貨店以便宜價格購入假酒的人，就這麼被害慘了。這起事件的始作俑者，製造假酒的兩人更因此被判了終身監禁[19]。

人體的酒精代謝機制

人體內自備有一套分解酒精、代謝酒精的系統，而負責承擔這重責大任的器官是肝臟。

我們喝了酒以後，被胃和小腸吸收的乙醇，會被送往肝臟。首先，肝臟會釋出乙醇去氫酶（Alcohol Dehydrogenase, ADH），將乙醇分解為乙醛（Acetaldehyde）。接著，乙醛再被乙醛去氫酶（Aldehyde Dehydrogenase, ALDH）分解成無害的醋酸。醋酸就是俗稱的「醋」，最後醋酸被分解成二氧化碳和水，排出體外。

反之，如果是甲醇進入體內的話，一樣在乙醇去氫酶與乙醛去氫酶這兩種酵素的作用下，甲醇會先被分解成甲醛（Formaldehyde），然後是甲酸（Formic acid，又稱「蟻酸」）。這種蟻酸對人體有害，一旦囤積在體內，將對臟器造成各種損害。

乙醇的代謝中間產物乙醛，是眾所皆知的宿醉元凶。一旦飲酒過量，致使肝臟處理不來的話，多出來的乙醛就會在體內循環，造成頭痛、嘔吐等症狀的延長。

分解乙醛的酵素：乙醛去氫酶，還分成一型（ALDH1）、二型（ALDH2）兩種。事實上，ＡＬＤＨ２的活性好不好，因人而異，主要跟得自於父母的基因有關。這世上，有人「酒量好」，有人「酒量差」，酒量「差」的人，體內ＡＬＤＨ２的活性差，甚至缺乏這種酵素，所以才導致他酒量差。這是與生俱來的特質，也因此「酒量是訓練不來的」。

另一方面，將甲醇的中間代謝物甲醛稀釋製成的水溶液為「福馬林」（Formalin）。做生物標本的時候，我們都會用它來進行防腐、固定的處理。大家應該都在學校的理科教室看過用福馬林浸泡的標本吧？

順道一提，福馬林是我們外科醫生每天都會用到的液體。手術切下的組織或臟器，如果就放著不管的話，很快就會腐敗，因此，必須盡快把它泡在福馬林裡。在福馬林的作用下，組織

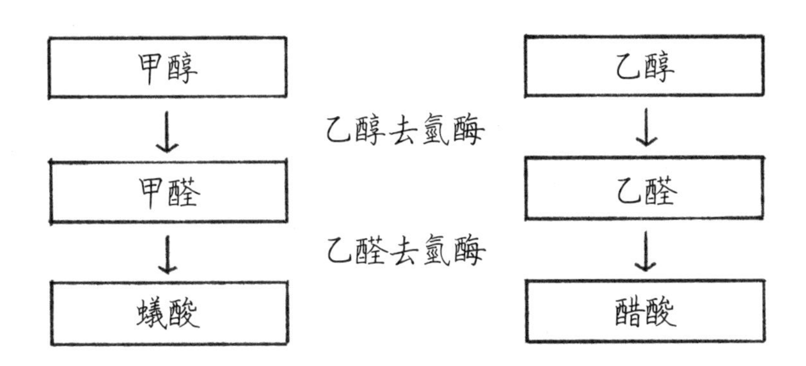

乙醇與甲醇的差別

的變化將完全停止，這便是所謂的「固定」。被固定、不再產生變化的組織或臟器，被送往病理檢查，由病理診斷科的同仁透過顯微鏡觀察，並對病情做出診斷。在這個足以左右患者治療方針、至關重要的環節上，福馬林是不可或缺的液體。

即便是跟手術、病理診斷不相干的醫生們，也都非常熟悉福馬林那獨特的刺鼻氣味，因為在醫學院解剖學的課堂上，大家都有用經福馬林固定的大體進行人體解剖的經驗。

酒精反應與罹癌風險

喝酒後臉變紅，英文稱為「Alcohol flush reaction」（中文為「酒精反應」）。

酒精反應很強，只喝少許酒就有該反應的人則被稱為「flusher」。這裡的「flush」就是「臉部潮紅、泛紅」的意思。

一喝酒就臉紅，所謂的酒精不耐症者，是因為先天ALDH2的功效不彰，導致身體無法盡速分解乙醛，輕易出現「醉酒」的症狀。事實上，ALDH2功效不彰（活性差或缺乏活性）的現象，在東亞人（黃種人）的身上特別容易看到，因此酒精性潮紅反應也被稱為「亞洲紅臉症」（Asian flush）。

特別是日本人跟全世界的人種相比，在ALDH2活性差或缺乏活性這方面，可是名列前茅的。高達四到五成的日本人喝了酒都會有潮紅反應(20)。換句話說，日本人大多有「酒精不耐症」。出席過宴會的日本人都知道，喝著喝著，周圍有將近一半的人臉都是紅的，這已經是司空見慣的風景了。

先天ALDH2無法正常發揮的人，只要長期習慣性地飲酒，久而久之，身體也會「慢慢習慣」，不再感到飲酒的不適。然而，這並不代表ALDH2的活性（代謝能力）有所改變，分解不完的乙醛依舊會堆積在身體裡面。

喝酒是食道癌最大的危險因子。眾所皆知，酒精不耐症者（一喝酒就臉紅的人）特別容易得到食道癌。「喝一點酒就滿臉通紅」，或「剛開始喝酒的一~兩年是臉會紅體質」的人，是酒精不耐症者的可能性非常高(21)。

「身體能有效代謝酒精到什麼程度？是否能把乙醛全部轉化成無害物質，排出體外？」這點因人而異。但不管你「酒量好不好」，毫無節制地飲酒都是絕對禁止的，因為難保哪一天食道癌就找上門了。

如何定義「心臟停止」？

醫療劇常見的穿幫畫面

看醫療劇的時候，忍不住吐槽那些不醫學的穿幫畫面，是當醫生的「職業病」。雖然有點雞蛋裡挑骨頭，但今天我們就來說說那些有違現實的醫療場景吧！

說到醫療劇，一定少不了的名場景就是心臟按摩（心肺復甦術，簡稱CPR）。面對心臟停止跳動的患者，飾演醫生的主角會一邊大喊「醒過來！」，一邊拚命地按壓他的心臟。然後，如果患者沒有醒過來，接下來會做的八成是電擊。電擊板抵住患者的胸腔，按下開關，在電流的巨大衝擊下，患者整個人彈跳起來……。

話說這樣的場面，最常出現的「Bug」，就是旁邊心電圖的機器，螢幕上的圖是沒有波動的一直線！

心臟不再搏動，完全停止的狀態，叫「心臟靜止」（心搏停止）。構成心臟的肌肉一動也不動，心電圖再也測不到心臟收縮或擴張運動所產生的電流。望文生義，心臟處於「靜止不動」的狀態。

事實上，面對這種「心臟靜止」的狀況，電擊是沒用的，所以現實的醫療現場不會這麼做。心電圖已經平平一直線了，卻還在給病人做電擊？只有電視劇才會那麼演。那麼，到底什麼時候才要給病人做電擊呢？

廣義的心臟停止：心臟驟停

其實，「心臟停止」不單指「心臟不再跳動」而已。如前所述，心臟完全不動、不再產生電流的狀態稱為「心臟靜止」（心搏停止），而「心臟靜止」就包含在「心臟停止」中。換句話說「心臟停止」的範圍更大，以下四種狀態，都可稱為「心臟停止」。

- 心室纖維顫動（心室細微、頻繁地抖動）
- 無脈性心室頻脈（心室過度跳動，卻觸摸不到患者的脈搏）
- 無脈性電活動（心電圖有波動，卻觸摸不到患者的脈搏）
- 心臟靜止（心搏停止）

這些看上去挺艱澀的醫學術語，講述的其實是同一件事，那就是心臟不再有效率地工作，無法把血液送往身體各處。在這種情況下，心臟的活動未必完全「停止」。換句話說，心臟還在跳動，卻已失去了幫浦的功能，對人體而言，它就「等於是停止的」，因此這樣的狀況被稱為「心臟停止」（心臟驟停）。

上述的四種狀況，不管哪一種，血液都無法送達腦部，人會瞬間失去意識。體內的臟器也會陸續停止運作，若不緊急處置的話，馬上就有性命之憂。

關於這幾個術語，我們還是簡單說明一下。

無脈性電活動，是指心電圖上可看到電流訊號的波動，但心臟本身卻已停止運作。這意味著，刺激心臟動起來的電流還有在跑，但構成心臟的肌肉已無反應。另一方面，心室纖維顫動和無脈性心室頻脈，則屬於心律不整的一種。心臟不停顫動、過度收縮，導致心臟雖然有在跳動，卻沒辦法把血液確實輸送出去。

接下來重點來了，請聽清楚了：電擊只對心室纖維顫動，還有無脈性心室頻脈有效。所謂電擊，是對心臟施以強制性的電流刺激，「讓亂跳的心臟恢復正常的律動」。舉例來說，就好像小學生在操場上亂跑，老師一聲令下，就讓他們排隊站好。在這裡，電擊就好比老師的指令，讓亂跳的心臟恢復秩序。

那麼，一般市民在使用街邊設置的ＡＥＤ時，要如何判斷「這時電擊有沒有效呢？」我

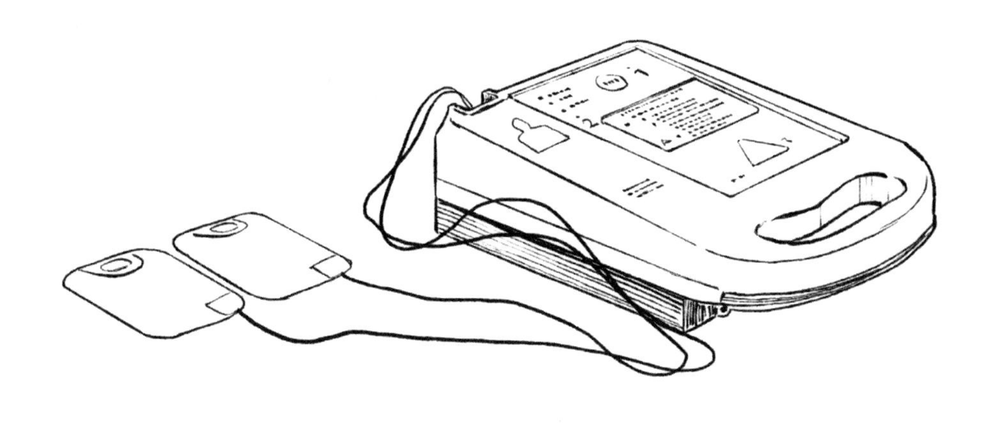

AED

的回答是：「管他有沒有效，先用了再說」。

AED是英文（Automated External Defibrilla-tor）的簡稱，中文為「自動體外心臟除顫器」。主要功能是「去顫」，即消除心臟不正常的「顫抖」。對心臟「力道足卻律動不正常」的情況「自動」去做整流。

AED可自動分析病患心律並判斷是否需要執行電擊。開啟機器時會有語音提示如何使用，即使是未受過訓練的一般民眾也可以操作，因此又被稱為「傻瓜電擊器」。

主動脈剝離

排球選手的不幸意外

前奧運女子排球銀牌得主弗洛拉・海曼（Flora Hyman），一九八六年一月二十四日在松江市綜合體育館參加日本聯賽時失去了意識，隨即被送往醫院，卻在醫院過世了。本來好端端坐在長椅上的她，突然往前撲倒，周圍的人全都嚇傻了，沒人做出任何緊急處置。

美國的電視台也播了事發當時的影像，日本這邊受到很大的責難(22・23)：怎麼你們日本人不知道要急救嗎？的確，當時在日本，心肺復甦術的重要性並不普及，很多人都不知道。

那麼，到底是什麼原因導致她的猝死呢？答案是：主動脈剝離。

主動脈剝離，是主動脈血管壁破裂引發的一種疾病。因為某種原因，主動脈的內壁受傷了，血液從這個傷口灌入，

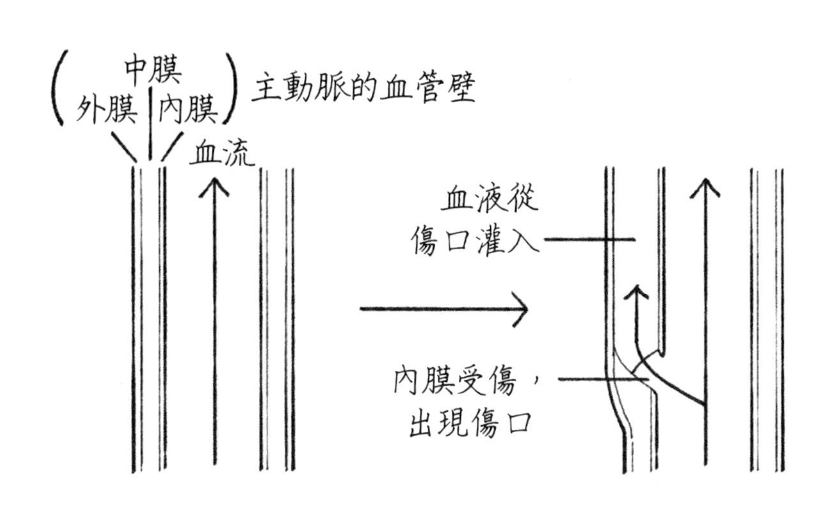

主動脈剝離

導致傷口越來越大，管壁的夾層被整個剝離開來。主動脈剝離時，會伴隨腰和背的劇烈疼痛，疼痛會轉移是其特徵。

主動脈貫穿人體中心，是身體最粗、最長的血管，隨時都有大量血液灌流而過。以血壓一二〇（毫米汞柱／mmHg）為例，一公分粗的血管所承受的壓力，約等於一．六公升血液的衝擊力。

主動脈的血管壁分成內膜、中膜、外膜三層結構，而出現剝離的地方往往是最脆弱的中膜。

一旦發生主動脈剝離，血液將無法被送往全身各處。嚴重的話，血壓會突然下降，甚至心臟驟停，造成猝死。

那麼，什麼樣的人是主動脈剝離的高危險群呢？

高血壓、高血脂（膽固醇、三酸甘油脂過高）、糖尿病、抽菸等原因會引發動脈硬化，血管壁因此變得脆弱，失去彈性，它們都是造成主動脈剝離的高危險因子。換句話說，有生活習慣病（慢性病）的人是發生主動脈剝離的高危險群。尤其是高血壓，無時無刻都在衝擊、傷害著血管內壁，是引發主動脈剝離的主要原因。

然而，堪稱健康表率的奧運選手，主動脈怎麼也如此脆弱呢？當然，她的主動脈剝離不是因為生活習慣病，而是被稱為馬凡氏症候群（Marfan syndrome）的遺傳疾病。

身高異於常人的遺傳病

馬凡氏症候群，是一種先天結締組織脆弱的遺傳性疾病。而結締組織是連接、支持身體大大小小器官的組織之統稱。

全身到處都有結締組織，導致馬凡氏症候群會在全身引發各種症狀。比方說，構成血管壁的組織特別脆弱，發生主動脈瘤或主動脈剝離的機率就會特別高。如果支持水晶體的組織也很脆弱的話，那麼這類人的視力通常都很不好。

法國的小兒科醫師馬凡（Antoine Marfan），最早於一八九六年，針對自己五歲的女兒，四肢還有手指、腳趾的生長異常提出了個案報告。而這出現在手腳的特別病徵被稱為「蜘蛛指」，起因於馬凡氏症候群特有的骨骼異常。

身材高又手長腳長，這樣的身體特徵在體育界可是一大優勢。只是，激烈運動中，血壓難免劇烈起伏，對心血管造成莫大的壓力。

異於常人的修長手指，對演奏樂器的音樂家而言，也是強大的武器。比方說，李斯特（Franz Liszt）編寫的〈超技練習曲〉（*Transcendental Études*），其中的〈帕格尼尼大練習曲〉（*Grandes études de Paganini*）便取材自小提琴大師帕格尼尼（Niccolò Paganini）給予的靈感。據說帕格尼尼就是馬凡氏症患者（24）。

馬凡

此外，身高超過兩百公分的俄國作曲家拉赫曼尼諾夫（Sergei Vasilyevich Rachmaninoff）據說也是馬凡氏症患者。他那修長的手指，輕易便能按到跨十二度的鍵盤，致使其鋼琴作品以難度見稱，並非所有人都能演奏他的作品。

由此可見，這種催生偉大音樂作品的體格優勢，往往是冒著死亡風險換來的。

肝臟囤積脂肪的恐怖疾病

被輕忽的疾病

說到肝臟的疾病，你最先想到的是什麼？首先，應該是眾所周知、由酒精引發的肝炎吧？如前所述，進入身體的酒精由肝臟負責代謝，最終被分解成水和二氧化碳後排出體外。但是，經常過度飲酒的話，會導致肝臟過勞而受傷，引發慢性的酒精性肝炎。然後是肝硬化，嚴重的甚至會演變成肝癌。

接著你想到的應該是病毒性肝炎。讓肝臟發炎的病毒分A、B、C、D、E型等多種，不過，其中最容易惡化成肝硬化或肝腫瘤的為B型和C型。事實上，肝癌（肝細胞惡性變化所產生的腫瘤）約有七成的起因為B型肝炎或C型肝炎(25)。就好像胃幽門桿菌是引發胃癌最大的原因，肝癌（肝細胞癌）大多也是由感染症而起。

不過，近年來，抗病毒藥有了大幅度的進步，因感染病毒而導致的肝癌正不斷地減少。另一方面，大家沒有意識到其嚴重性，也不曉得要如何預防的一種肝病正逐漸增加，那就是脂肪肝。

脂肪肝，顧名思義，是過多脂肪堆積在肝臟中的病症。主要可分成「因飲酒所致的酒精性脂肪肝」和「與飲酒無關的非酒精性脂肪肝」（nonalcoholic fatty liver disease, NAFLD）兩大類。

酒精性脂肪肝與過量飲酒有關。就乙醇來說，成年男性每天攝取超過三十公克，女性超過二十公克就算過量（日本酒一合／一百八十毫升的乙醇含量約二十八克，三百五十毫升罐裝啤酒的乙醇含量約十四克）。反過來說，飲酒沒有超過這樣的量卻還是有脂肪肝，就是所謂的NAFLD了。

那麼，造成NAFLD的具體原因是什麼？肥胖、高血壓、糖尿病、高血脂（三酸甘油脂或膽固醇過高）等，都是NAFLD的危險因子。換句話說，本身有代謝症候群的人，是罹患NAFLD的高危險群。

NAFLD令人害怕的理由

NAFLD（非酒精性脂肪肝病），大家不熟悉這個名詞，也不了解其嚴重性。然而，在日本人中，男性有四一％、女性有一八％，罹患了NAFLD，全世界的患者人數也有逐年增加的趨勢(26)。

ＮＡＦＬＤ的恐怖之處在於：一旦放任不管，將來有五～八％的機率會演變成肝硬化(27)。肝硬化造成的肝細胞損傷是永久、無法復原的，嚴重的甚至會演變成癌症。特別是，當ＮＡＦＬＤ進展到被稱為「非酒精性脂肪肝炎」(NASH)的階段時，惡化成肝硬化或肝癌的風險將大幅提高。

除了肝病以外，ＮＡＦＬＤ患者併發其他重大疾病，如心肌梗塞等心血管疾病或腦中風等的機率也會增加(28,29)。因此，做健康檢查時若被診斷出有「脂肪肝」的話，千萬別掉以輕心，要知道它其實是非常恐怖的疾病。

防治脂肪肝的方法

如何治療脂肪肝？最重要的一點莫過於改善生活習慣。首先，藉由良好的飲食習慣與適度運動，先把身上的肥肉(脂肪)消除了再說。研究顯示，只要減重七％，就可以有效改善脂肪肝。所以，請先以此為目標(30)。當然，這對治療糖尿病、高血壓、高血脂等因代謝異常而導致的疾病也非常有效。

二〇二〇年，一個名叫ＭＡＦＬＤ(Metabolic Dysfunction-Associated Fatty Liver Disease，中文

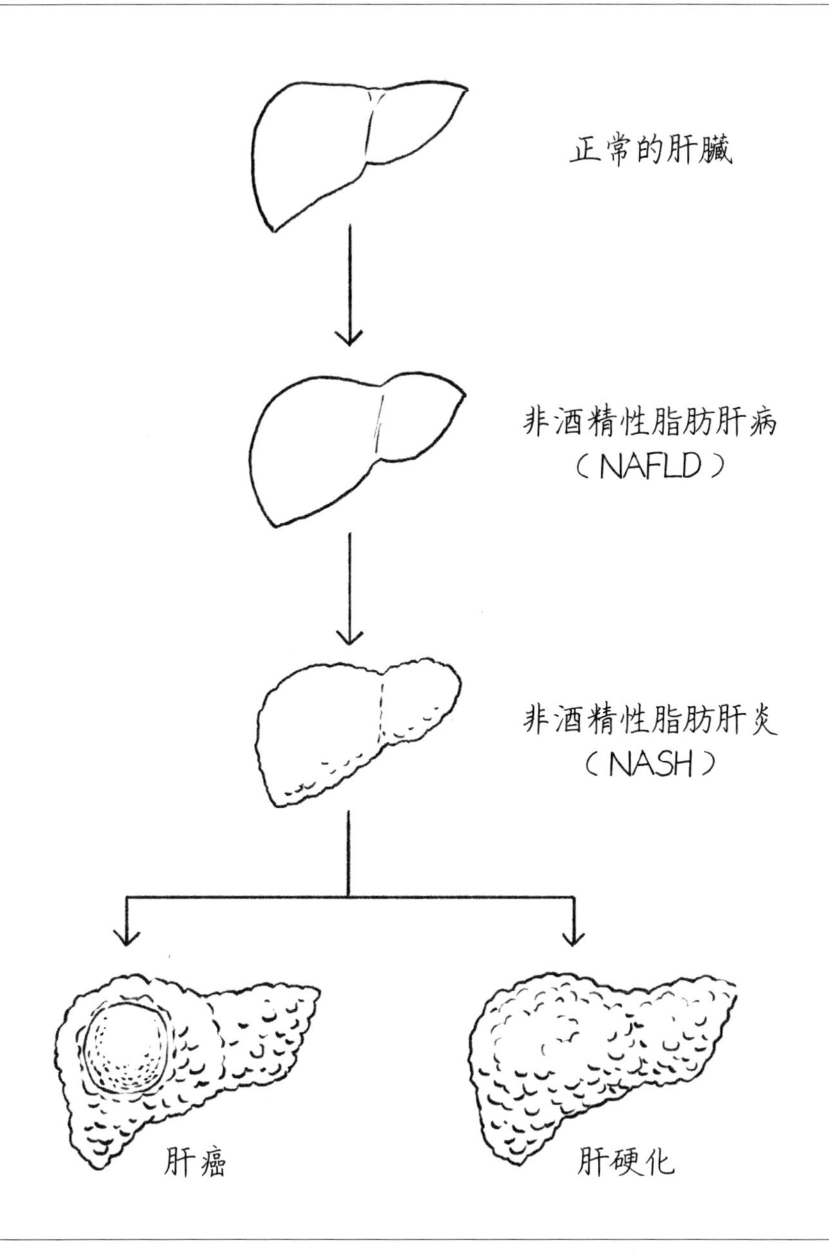

正常的肝臟與生病的肝臟

為「代謝異常脂肪肝」)的觀念被提了出來(31),取代了原有的NAFLD。只因學者們發現,不管有沒有飲酒,有高血壓、糖尿病、高血脂等代謝問題的人,合併發生脂肪肝的風險都特別高。MAFLD這個詞直接把代謝症候群與肝硬化、肝癌綁在一起,讓世人更能意識到脂肪肝的可怕。

說到可怕的脂肪肝,目前並沒有特效藥。近年來,部分糖尿病藥或降血脂藥(Statins類藥物,第二章會詳細說明)的療效,似乎挺令人期待,只是臨床證據還是不夠,今後其有效性與安全性仍需驗證。

肝被稱為「沉默的器官」。肝臟的疾病,通常都已經進展到很後期了才會出現症狀。正因為無症狀的關係,所以即使已經有脂肪肝了,本人也不易察覺。在此前提下,近年來醫界把目標指向肝病的早期發現、早期治療,期待能用不造成身體負擔的方式,及時防治肝病(32·33)。因此,當健康檢查或驗血報告顯示肝指數異常時,千萬別置之不理,一定要找專業醫生諮詢。

NAFLD的概念最早被提出來,是在一九八五年。而它作為疾病,受到世人重視,則是從一九九八年起,當時的美國國家衛生研究院(NIH)建言:應正視該疾病的嚴重性(34)。

醫學還真是日新月異。短短數年,本來沒什麼人認識的事實,一下子成了世界的標竿,治療方法也不斷在創新。以脂肪肝為例,它可以說是近年來徹底被揭露其危險性的代表性疾病之一了。

消化液的神奇功效

消化液是一把利刃

請問，你家裡面有幾個必須定期充電的機器？比方說，手機、筆電、平板，應該每天都要給它們充電吧，還有智慧手錶、藍芽耳機、電動腳踏車、掃地機器人等，家裡有這些東西的人應該也不少。

以上這些東西一定要充飽電了才能動，否則就發揮不了作用。

人體也是一樣的。我們的身體擁有十分複雜的機能，性能要比電子機器高出太多了，必須給它充飽電，提供它源源不絕的能量，這樣它才能運作下去。

說到給身體充電，要是能像手機一樣，隨便找個插座一插，睡覺時也能充電就好了。偏偏身體不是這樣的。人體所具備的充電機制，是要從嘴巴把「其他生物」吃進肚裡，以此為燃料來產生能量。

話說自然界裡的動、植物，何其豐富多彩。要把它們吃下肚、消化，轉變成養分為人體所吸收，並不是件容易的事。而承擔此重責大任的，便是所謂的「消化液」。我們的身體會製造出各種富含消化酵素的消化液，分別把碳水化合物、蛋白質、脂質等分解成更小、更好吸收的分子。

比方說，負責分解脂肪的解脂酶（lipase）、分解碳水化合物的澱粉酶（amylase），是存在於胰液中的消化酵素。胰液由胰臟製造，流過名叫胰管的管子後，由十二指腸分泌。至於胃液裡面則含有胃蛋白酶原（pepsinogen），在胃酸的刺激下，變成負責分解蛋白質的胃蛋白酶（pepsin）。

膽汁裡的膽汁酸是肝臟製造的，通過膽管來到十二指腸，由十二指腸分泌，負責分解脂肪的任務。在正常情況下，「水」和「油」是互不相溶的，因此脂肪不像其他營養素那樣可以溶於水，直接為身體所吸收。這個道理，只要想像一下拉麵的麵湯上總是浮著一層油就可以理解了。

膽汁酸的作用是讓脂肪跟水混合在一起，這個過程稱為「乳化」。膽汁酸的原料是膽固醇，可以說它本身就是一種脂質。這就好比用石油製造的洗劑來清洗油污一般，只有同為脂質的膽汁可以乳化脂肪，讓它變得更好吸收。

除此之外，還有為數眾多的消化液，有助於各種營養素的吸收。我們只需不假思索地把食物送進嘴裡，身體就會自動地吸收需要的養分，把不需要的老舊廢物以糞便、尿液的形式排放出去。你說，這工具是不是很好用、很方便？

膽管與胰管

十二指腸是位在胃下方的一條短管，這個聽起來很特別的名字，正好指出它的特徵：十二指腸的長度約為十二根手指合併在一起的寬幅。

十二指腸連接胰管和膽管，負責分泌胰液和膽汁。膽管和胰管就好像兩條源自不同山頭的河川，前者的源頭是肝臟，後者的則是胰臟。從這兩座山流出來的水最終會在十二指腸的內壁匯合。這堪比河口的合流處有一塊名叫「奧迪（Oddi）括約肌」的肌肉，非必要時，它會把出口堵住，不讓胰液或膽汁流入。

重點在於：「膽管和胰管這兩條河川合流的地點，必須精準地在十二指場的內壁裡面。」一旦匯合的地點偏了，即使只是稍微提前一點，括約肌都發揮不了作用。這種現象被稱為「胰膽管合流異常」，屬於先天畸形的一種。

問題來了，膽管和胰管提早在十二指腸之前合流，會發生什麼事呢？

最大的問題在於：胰液會往膽管那邊回流，使罹患膽道癌的機率大增。胰液是含有豐富消

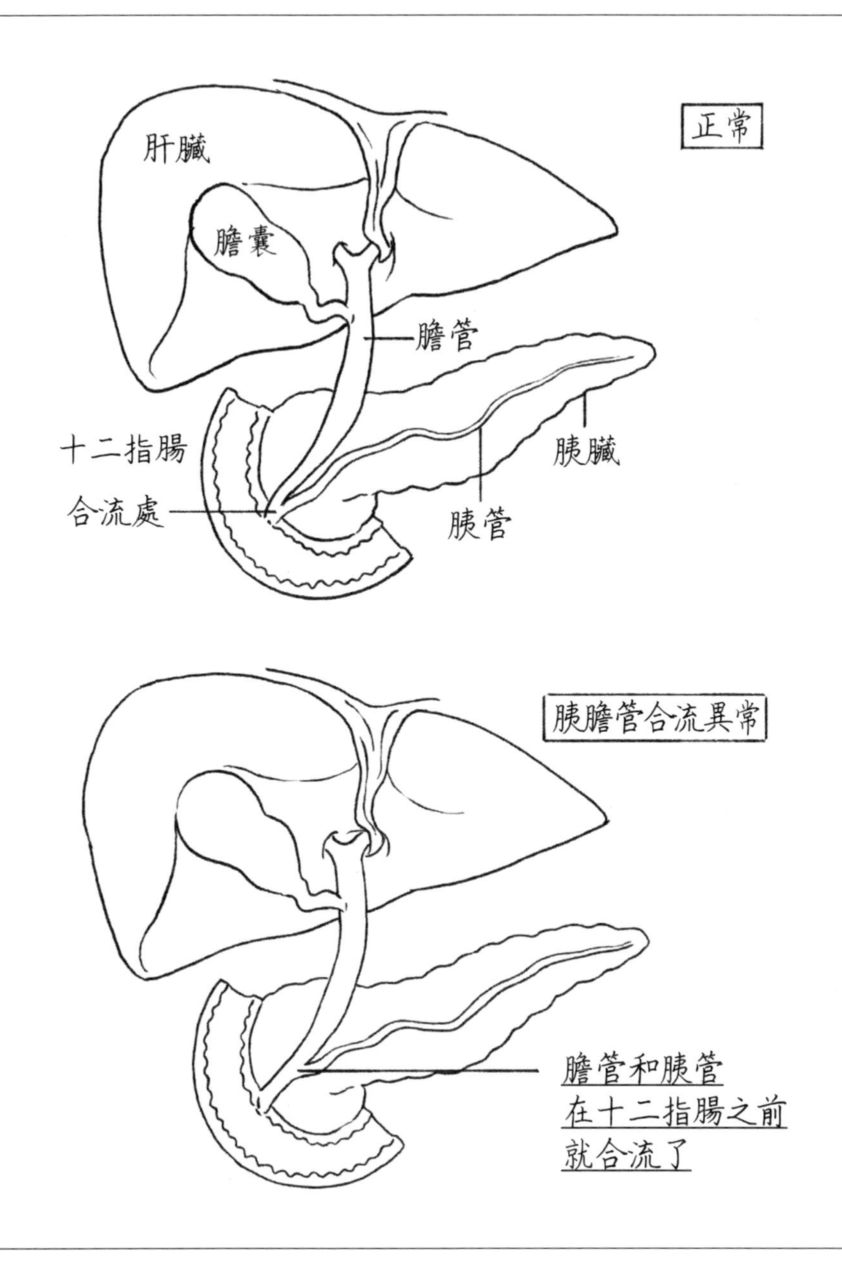

胰膽管合流正常（上）與胰膽管合流異常（下）示意圖

化酵素的消化液，如果它動不動就逆流入膽管的話，久而久之，膽管壁肯定會受傷。

胰膽管合流異常，根據膽總管有無擴張，又可分成擴張型（先天性膽管擴張症）與非擴張型兩種。前者有兩成的機率，後者有高達四成的機率，會誘發膽道癌。膽道癌的患者通常都很年輕，十五～二十歲就發病，這也是它的特徵之一（35）。由於先天畸形的關係，膽管從一出生就承受胰液的侵害，不斷地發炎，最終誘發了癌細胞的產生。

相反地，如果是膽汁逆流入胰管的話，從幼兒時期起就會經常出現急性胰臟炎的問題。發病的機率約為二八～四三％，也是非常高（35）。

偶爾也會傷到自己

人類的身體，是由碳水化合物、蛋白質、脂質組合起來的有機物。這點跟自然界裡的各種動、植物，並沒有什麼不同。因此，我們用來消化所攝取生物的消化液，也有可能消化掉自己。水能載舟，亦能覆舟，假使存放不當的話，它輕易就能拔掉我們的牙齒，傷害我們的內臟。

順道一提，針對胰膽管合流異常的問題，可以進行「分流手術」加以處理。也就是把膽管和胰管分開，讓它們各走各的路，透過這個類似「治水工程」的療法，想辦法把胰膽管不正常合流的問題給解決。

大便的軟硬度是怎麼造成的？

布里斯托大便分類法

請問你的大便是硬的還是軟的？是不是每天都會有不同的形狀呢？事實上，有一個名叫「布里斯托大便分類法」（Bristol Stool Scale）的工具，可以給我們的便便打分數。這個分類法是英國布里斯托大學的學者於一九九七年提出來的。

該分類法根據形狀，把人類的糞便從最硬的「硬梆梆的一顆顆硬球」，到最軟的「水狀，無固體塊」等，共分成七種類型（請參照次頁圖表）。

第三～五型屬於正常糞便，不過，如果是像第一、二型的堅硬糞便，排便時便會損傷肛門，或經常有便祕的困擾。另一方面，對穿著尿布的人來說，如果拉的多是像第六、七型的軟便或水便的話，引發肛門周圍皮膚發炎的風險將會升高。因此，身處第一線的醫護人員，必要時會開給患者軟便

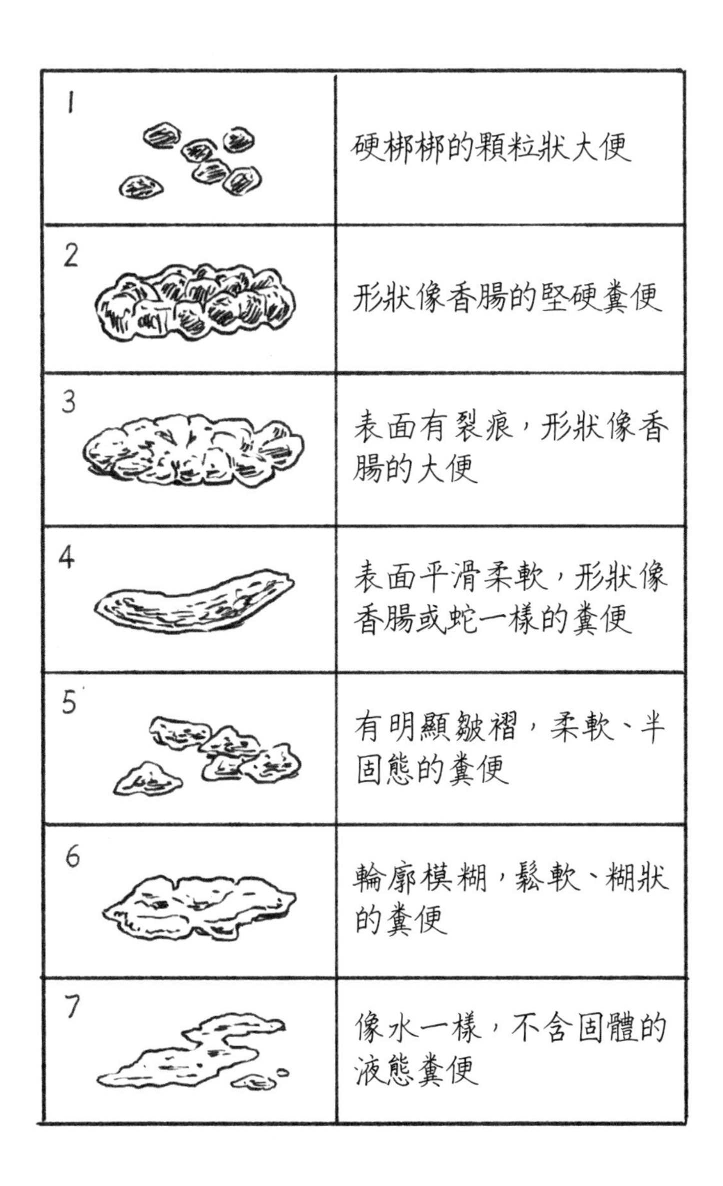

1	硬梆梆的顆粒狀大便
2	形狀像香腸的堅硬糞便
3	表面有裂痕，形狀像香腸的大便
4	表面平滑柔軟，形狀像香腸或蛇一樣的糞便
5	有明顯皺褶，柔軟、半固態的糞便
6	輪廓模糊，鬆軟、糊狀的糞便
7	像水一樣，不含固體的液態糞便

布里斯托大便分類法

藥或整腸劑，想辦法把大便控制在第三～五型的適當軟硬度內。

話說，大便的軟硬度到底是怎麼造成的呢？

糞便停留的時間與大腸的機能

我們如果正常吃喝的話，一天大概會有九公升的水進入大腸和小腸裡面。其中的兩公升水分，來自我們從嘴巴攝取的飲料或食物，剩餘的七公升則是消化液。人體消化液的分泌量非常大，以胰液為例，一天的分泌量多達一．五公升。

這麼大量的水分要是直接從肛門排出去的話，可能每天會拉肚子拉到虛脫。然而，這樣的事並沒有發生。那是因為這九公升的水分大部分都被小腸和大腸給吸收，最後隨著糞便排出去的不到二％。作為消化液，一旦喪失太多水分，也就失去了功能，因此大部分消化液都會被身體回收，防止水分不足。

身體的水，有八〇～八五％被小腸吸收，一〇～二〇％被大腸吸收。糞便的含水量少，糞便就會越硬；含水量多，糞便就會越軟。

那麼，糞便的含水量什麼時候會比較多呢？在這裡，不妨想像一下我們什麼時候容易拉肚子。

比方說，暴飲暴食之後，身體消化液的分泌會變多，超出大腸吸收能力的水分，大量流入大腸，引發了腹瀉。再者，食物在小腸和大腸停留的時間越短，能被吸收的水分就越少，這時也會拉肚子。像腸子發炎的時候，肚子會咕嚕咕嚕叫，腸道蠕動得厲害，食物通過的速度會快很多，這也是引發腹瀉的原因之一。

相反地，大便什麼時候會太硬呢？這個只要思考水分吸收的過程，也很容易理解。比方說，大腸的蠕動變差，內容物通過的速度變慢。糞便停留在大腸的時間過長，水分都被吸收光了，變硬也就理所當然了。

隨著年齡增長，大腸的蠕動能力會越來越差，所以老年人常有慢性便祕的困擾，這時適度地使用緩瀉劑（便祕藥）就有其必要了。

大腸癌的前兆與大便的形態

大腸是長約一．五～二公尺的管狀臟器。事實上，發生在大腸後段的腫瘤會比發生在大腸前段的腫瘤更容易被發現。根據過去的研究，在早期階段發現癌症的機率，後段（左側大腸癌）是一六．一％，前段（右側大腸癌）只有五．六％，兩者相差了三倍之多，前段遠遠落於後段(36)。只因發生在前段的大腸癌不太會有自覺症狀。

那麼，為什麼前段的大腸癌不會有自覺症狀呢？只需了解糞便在大腸中是怎樣改變的，便可以得知理由為何。

大腸從我們肚子的右下角，順時針繞腹腔一圈，呈現ㄇ字的形狀。糞便通過大腸的時候，會逐漸失去水分，變得越來越硬。因此，通過前段（右側）大腸的糞便，含水量是比較多的，而來到後段（左側）的大便，含水量則明顯變少。前面說過，含水量決定大便的軟硬和形狀，但它其實也決定了不同部位癌症的表現方式。

大腸癌被發現的契機，通常取決於血便、腹痛、便祕等自覺症狀，或是驗血時發現有貧血的問題等等。大腸前段的便便含水量多，是偏柔軟的水便，就算腸道內腔長出腫瘤之類的東西，也不會因為通道變狹窄，就被擋住或塞住。因此，跟通常都是比較硬的大便通過的後段大腸相比，這個部位的癌症不太容易出現便祕或是腹痛等自覺症狀。

再者，癌細胞表面的組織十分脆弱，在物理刺激下，很容易出血。糞便裡有血，或是因不斷出血所導致的貧血，都是因為腫瘤受傷所致。但是，這也要大便硬才有可能發生，軟便是成不了物理刺激的，因為它像水一樣，輕鬆便可通過，不會對腫瘤造成傷害。因此，發生在大腸前段的大腸癌，不太會引發血便或貧血的現象。當然，「離肛門比較遠」，只是右側大腸癌不易出現血便的理由之一。

右側大腸癌為什麼不容易在早期被發現，便是因為這些原因。而明白大腸的構造與功能後，也能輕易理解哪些症狀是大腸癌的前兆了。

沒有也能活
與沒有就活不了的臟器

臟器的功能

我們的身體沒有多餘、無用的器官。不過，倒是有好幾個「沒有它，也能活下去」的臟器，姑且舉幾個例子吧！

因為膽結石等原因，很多人不得不把膽囊摘除。像膽囊，就是沒有了也不會對生活造成太大影響的臟器。由肝臟製造的膽汁會暫時存放在膽囊內，膽囊不過是個「蓄水池」，本身並不會生產什麼東西。

大腸也是可以全部摘除的臟器。很多大腸疾病為求根除，必須動「大腸全摘」手術。當然，這會對生活造成很大的不便，因為一旦大腸沒了，糞便的含水量會超多，排便次數也會增加。因此，除非逼不得已，才會把大腸全部摘除。

相形之下，小腸如果沒了，人就活不成了。小腸負責吸收維持生命所需的各種營養素。利用點滴補充營養，是可以維持住生命，但這畢竟有個限度。光靠點滴是不可能把人體所需的所有營養全部補齊的。不過呢，小腸畢竟是長達數公尺的臟器，切掉一部分還是可以的，影響不至於那麼大。

還有膀胱，因為膀胱癌等因素，有時也會將膀胱整個摘除。膀胱沒了，是可以活下去，但還是得找個「替代品」。通常會取一段小腸，做成儲存尿液的袋子（人工膀胱），進行所謂的尿路改道手術。

腎臟左右兩邊各有一顆，少了一顆，當然可以活，少了兩顆，也照樣可以活。只是，這樣就必須請機器代勞了。有生之年，只要人還活著，都必須定期前往醫院，接受「透析」治療（俗稱的洗腎）。當然，生活品質會受到很大的影響。

相反地，肝臟全部摘除，人就死定了。肝臟號稱人體的化學工廠，負責處理五百種以上的化學反應，能夠完全取代肝臟功能的機器目前還沒有研發成功。沒辦法，肝臟的功能實在是太複雜了。

不過，因為肝癌等疾病，有時也會切除部分的肝臟。如果肝臟本身是健康的，切除六到七成都沒有問題。剩餘的肝臟會再生，維持肝臟原有的功能。

此外，腎臟和肝臟也可從他人身上移植過來。既然肝臟可以用他人的替代，便意味著肝臟是可以全部摘除的（也不是沒有就活不了）。

類似的情況，用在肺和心臟上也說得通。人要是沒了心臟或肺臟，肯定活不下去，但心臟和肺是可以從活人身上移植的。

那麼，胃又是如何呢？

答案是：「胃是可以全部摘除的」。為了治療胃癌等疾病，把胃整個拿掉的手術稱為「全胃切除手術」。當然，也有只切除部分的胃，留下三分之一到四分之一胃部的手術。醫生會根據病變的位置，決定胃的去留。

全部切除後必須補充的物質

把胃全部切除後，數月到數年間便會出現貧血的問題。貧血，指的是血液中的紅血球數大幅減少。問題是，怎麼會這樣？

製造紅血球必須有鐵和維生素B_{12}，而胃與這兩種營養素的吸收息息相關。一旦胃被切除，身體將無法從食物獲取這兩種營養素，於是貧血就發生了。雖說負責吸收維生素B_{12}的是小腸，但必須配合胃所分泌的、被稱為「內在因子」的物質，維生素B_{12}才能被小腸吸收。

不管是鐵還是維生素B_{12}，身體多少都有庫存。因此，將胃整個切除後，貧血的現象並不會馬上產生。鐵的話，可以撐個半年到三年，維生素B_{12}的話，則有二～五年分的庫存，因此缺乏的情形會在數年後才發生。當然，這兩種營養素若能適度從體外補充的話，並不會有性命之憂。

像胃一樣，「可以全部摘除，但必須補充特定物質的臟器」還有幾個，其中最具代表性的就是胰臟。

你可能會覺得很意外，但胰臟確實是「可以全部切除的器官」。像是得到胰臟癌之類的疾病，就必須把胰臟整個拿掉，進行所謂的「全胰切除術」。

胰臟的主要功能是分泌有助食物消化的胰液，以及讓血糖值降下來的荷爾蒙「胰島素」。因此，當胰臟整個被拿掉的時候，就必須補充這兩種物質了。

特別是胰島素，當胰島素不夠的時候，血糖會快速飆升，馬上就會有生命危險。因此，必須每天定時從皮下注射胰島素，才能把血糖控制住。雖說「沒有也能生活」，但對生活造成巨大不便，卻也是不爭的事實。

切除後必須施打疫苗的臟器

內臟裡面，哪個器官最默默無聞、知名度最小？應該要屬脾臟了。脾臟位在腹腔的左上方，是個約拳頭大小的臟器。

脾臟表面呈暗紅色，裡面充滿了血液，質地就像海綿一樣柔軟。在它附近動手術的時候，

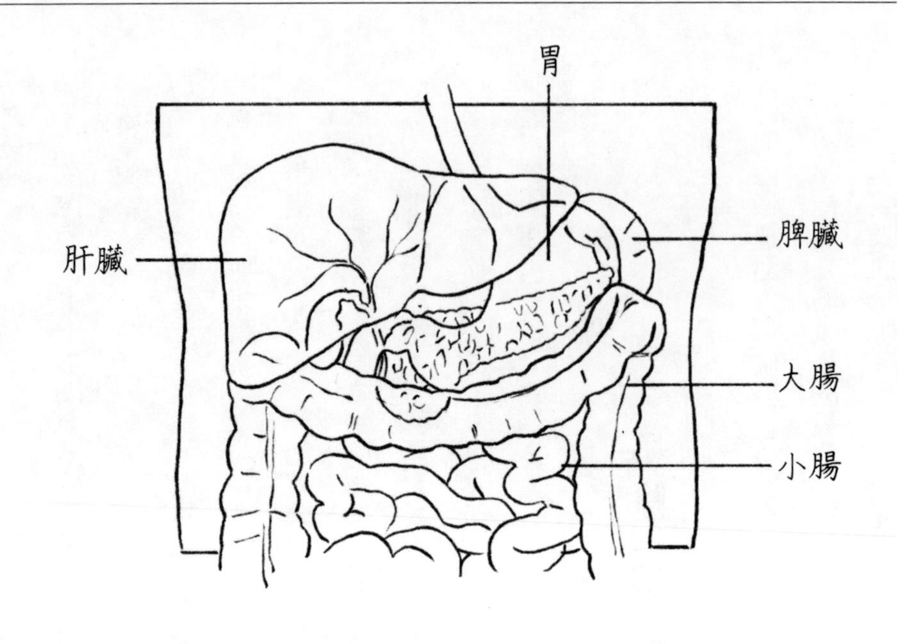

腹腔的臟器

都要特別小心，因為一旦出血就完蛋了。

脾臟的重要功能之一，就是免疫。脾臟負責身體的抵抗力，號稱人體最大的淋巴器官。對於全身上下負責防禦的淋巴結而言，脾臟就像是指揮官般的存在。

脾臟內有很多與免疫相關的細胞，包括淋巴球與巨噬細胞。只要有細菌等病原體入侵到體內，它們就會馬上啟動作戰模式。看是直接把病原體吞噬掉，或是製造名為「抗體」的武器加以攻擊。

基於各種理由，有時必須把脾臟切除。比如說，因車禍等外傷造成脾臟受損、破裂，引發大出血，這時就必須把脾臟切除，才能保住性命。此外，因為脾臟就在胃的旁邊，離胃很近，如果病變的部位正好在脾臟隔壁的話，那麼，動胃癌等手術時就不得不把脾臟一併切除了。

脾臟也屬於「沒有也能活的臟器」。但基於前述理由，我們的身體一旦沒了脾臟，抵抗力就會減弱，容易受到某些病原體的感染。最常見的是流感嗜血桿菌、肺炎鏈球菌、腦膜炎等細菌感染症。脾臟切除後的感染往往進展迅速，使患者陷入病危狀態，這種感染稱為OPSI（脾切除術後凶險性感染），是導致半數患者死亡的恐怖疾病。

特別是肺炎鏈球菌引發的OPSI，發生的機率很高，因此，對脾臟切除的患者來說，接種肺炎鏈球菌疫苗，等於是對術後健康做了保險。雖說「沒有也能活」，但從預防感染的觀點來說，脾臟也是不可輕忽的臟器。

強大的腎臟

喝水沒問題，吃拉麵也沒問題……

人類真的很神奇，喝平淡無味的水沒問題，把鹹得要死的拉麵湯喝光也沒問題。之所以能這麼輕鬆、揮灑自如，全靠我們身體強大的功能。

血液裡的鹽分濃度約為〇．九％，就跟一般的味噌湯差不多。把開水倒入味噌湯裡面，味噌湯會變淡，把鹽加入味噌湯裡，味道則會變濃。但是，人類的身體並不會出現這樣的變化，因為我們身體的電解質濃度、滲透壓、酸鹼值等這些建構身體環境的要素，一直維持在固定範圍內。

表現血液中電解質離子濃度的單位為 mEq/L。舉例來說，鈉離子濃度正常為一四〇 mEq/L 上下，鈣離子濃度為四 mEq/L 上下，氯離子濃度為一〇五 mEq/L 上下，必須精準地維持在這個範圍內，人才不會生病。

這是人體為了讓臟器正常運作，無時無刻不在做的「環境整理」。一旦這個平衡被破壞掉了，這個多了、那個少了，臟器就會出問題了。

當血滴滴答答地流入水中，血液中的紅血球會馬上被破壞，把水染成了紅色。曾經在洗澡時流過鼻血的人，應該都看過這奇妙的景象。

水的滲透壓比紅血球低，把紅血球放進像水一樣滲透壓低的液體裡，水或液體會馬上往紅血球處跑，瞬間就能把紅血球衝破。這個道理，相信在學校物理課用半透膜做過實驗的都知道。

然而，我們不管喝再多的水，身體都不會發生這樣的事。那是因為血液的滲透壓始終維持在一定範圍內。

像這樣，維持體內所有液體的平衡，身體是怎麼辦到的？這時就不得不提到腎臟的強大功能了。

腎臟的重要性

你知道腎臟的主要功能是什麼嗎？這麼問，肯定很多人會答：「就製造尿液呀」。不過，這個答案只說中了腎臟表面的功能。更正確的說法是：「讓體液、電解質、滲透壓、酸鹼值等在體內保持一個平衡的狀態。」而腎臟是負責此功能的唯一臟器。

比方說，我們在大熱天會流很多汗，如果再加上攝取的水分較少，體液便會減少，體內的電解質濃度和滲透壓便會上升。這個時候，腎臟會把尿液濃縮，盡量減少水分的流失。相反地，當我們喝很多水的時候，體液量會增加，電解質濃度和滲透壓則會下降。於是，腎臟會把尿液稀釋，藉此將多餘的水分排出體外。

藉由這個方法，血液的滲透液得以維持在二八〇 mOsm/kgH_2O上下的精準範圍內，相形之下，尿液的滲透壓則在五〇～一四〇〇 mOsm/kgH_2O的區間變化移動。這個範圍未免也太大了。這意味著，尿液的「濃度」可以做到約三十倍的調節。

不管是誰，對於自己的尿液顏色，有時偏黃，有時偏淡，應該已經見怪不怪了。尿液的顏色為什麼會改變？你應該已經知道答案了。當身體水分不足的時候，排出的會是經過濃縮的黃色尿液；反之，當水分太多的時候，排出的就是顏色很淡的尿液了。

腎臟是一套過濾設備

在全身循環流動的血液約為五公升。其中有一部分會不停地流往腎臟，經腎臟過濾後，變成尿液。腎臟裡面有名叫「腎絲球」的過濾裝置，左右兩邊大概各有一百萬個這樣的裝置。腎絲球，就像它的名字一樣，長得像一團毛線，是由一堆微血管組成的，每個腎絲球的直徑只有〇・一～〇・二毫米，小到肉眼幾乎看不到(37)。

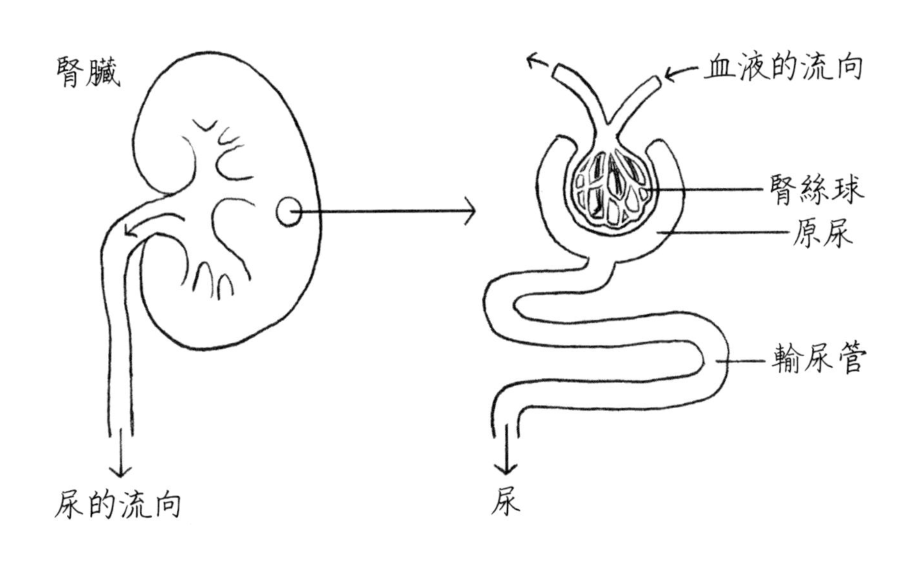

腎臟的功能

腎絲球負責過濾，它會把血液中不可丟棄的細胞成分，像白血球、紅血球、血小板、重要蛋白質（白蛋白、球蛋白）等擋下，不讓它們通過，至於水分、電解質則予以放行。

如果因為生病使腎絲球的功能受損，無法好好完成過濾的工作，那麼紅血球、蛋白質等就會滲漏出來，跑到尿液裡面去。做健康檢查時，我們都會驗尿，看是否有尿潛血（尿液中有肉眼看不到的紅血球）或尿蛋白的現象。這些本不應出現在尿液裡的東西如果被檢測到了，就表示腎臟有問題了。

事實上，腎絲球每天要過濾的血液量，約為一百五十公升。過濾完後產生的「過濾液」被稱為「原尿」。當原尿通過名為輸尿管的小管子時，裡面的重要成分會被再吸收，真正不要的老舊廢物才會隨著尿液排出去。這個時候，大約九九％的水分會被吸收掉，於是我們每天排出的尿大概就是一．五～二公升的程度。

在這偉大的「過濾」與「再吸收」過程中，必要的水分和電解質等會被回收，不必要的東西則被排放出去，如此精密的作業被反覆執行著。是的，負責調節、維持各種體液的平衡，便是腎臟的主要功能。

越來越多人有慢性腎臟病

一旦腎臟的功能低下，要維持體液的平衡就會有困難。如果因為這樣而有生命危險的話，那就不得不用機器取代腎臟來執行「血液透析」（淨化血液）的功能了。

基本上，血液透析（俗稱「洗腎」）一個禮拜要做三次，不是一三五，就是二四六，每次透析的時間都是好幾個小時起跳。平常我們不覺得腎臟做了什麼，只有讓機器來代勞時，才知道原來腎臟這麼辛苦。

對健康的人來說，透析似乎是很遙遠的事，你是不是也這麼覺得？其實未必。慢性的腎功能下降，所謂的慢性腎臟病（chronic kidney disease, CKD），近年有逐漸增加的趨勢。

慢性腎臟病的起因，可能是糖尿病、慢性腎絲球腎炎等疾病，除此之外，肥胖、抽菸、高血壓、高血脂等代謝症候群，都跟慢性腎臟病的發病有很大的關聯。

腎功能一旦受損是不可逆的，治療只能讓病情不再惡化下去。因此，想辦法控制住血糖、血壓、適度運動、戒菸、節制飲食，都是必要的。

腎臟能做的事是獨一無二的，請大家一定要好好守護這個珍貴的器官。

靜脈的真相

投降的姿勢與靜脈

請手心朝上，把手伸出來。你在手腕處看到了什麼？是不是有一根根明顯浮起的血管？這些全是靜脈。靜脈是負責把血液從末梢送回心臟的血管，因此，我們在手腕處看到的靜脈血，正從指尖往肩膀的方向流去。

做個實驗便可得知這個道理。請你高舉雙手，做出投降的姿勢，同時看向同一部位的血管，你會發現剛剛明顯浮起的血管，正以驚人的速度凹陷下去。

因為重力的關係，此刻靜脈中的血液正往心臟流去。反過來說，當我們將手垂放低於心臟時，靜脈就必須違反重力、用更大的力氣才能把血液送回去，這也是為什麼我們會在手腕處看到皮膚表面浮出的血管了。

事實上，靜脈裡面有無數個防止血液逆流的瓣膜。靜脈雖然沒有動脈流得那麼快，但不管怎樣都不會逆流回指尖，而是乖乖回到心臟，全拜這瓣膜所賜。

血管真實的顏色

有件事我一直覺得很奇怪，不知為什麼，只要是人體構造圖，上面畫的動脈肯定是紅色的，靜脈則是藍色的，可是真正的動脈和靜脈根本就不是那個顏色。

透過剛才的實驗，我們知道手腕的靜脈會從皮膚表面透出來，呈現淡淡的青紫色。如果我們把皮膚切開，直接看靜脈的話，它會變得稍微紅一點，但裡面的血液基本上是清澈的，靜脈的顏色也是紫色接近綠色。

另一方面，動脈看上去則是白色的。由於血液的流勢較強，動脈的管壁結實且厚，表面裹著一層神經白膜，裡面的紅色血液是透不出來的。

所以說，圖鑑上的血管顏色只是示意，目的在讓你知道血管的位置，只是沒想到會跟真實的顏色差那麼遠。

比起靜脈，動脈的血壓高出許多。動手術的時候要是不小心傷到，血就會像噴泉一樣飛濺出來。熱門電視醫療劇《派遣女醫X》中的名場面：技術不佳、笨手笨腳的醫生一刀下去、病人的血就噴了出來，濺得他頭臉都是、手忙腳亂。的確，如果傷到的是動脈，確實會出現這種血花四濺、噴到臉上的情況。

只是，跟電視劇不同的是，現實生活中若出現這種場面並不算是「緊急狀況」。現代醫療的止血工具可多了，馬上處理就沒事了。會噴到臉上的血大多來自動脈，知道這點的話反而好辦，因為只要止血就沒事了。

相形之下，血慢慢湧出來的那種出血，不知道哪邊在流血的靜脈出血還比較可怕。靜脈的管壁比動脈的薄，一旦受傷，沒有處理好的話，傷口會越裂越大，變得更加難以收拾。比起電視劇裡的出血，這種「悶聲不響」的出血才是真正的「緊急狀況」。

電視劇嘛，讓觀眾體會「情況有多緊急、病人有多危險」比較重要。因此，這血花四濺的驚悚場面，他們愛用也就不足為奇了。

順道一提，電視劇裡看到的血液顏色也與現實不符。怎麼說呢？都太清澈了。

人類的血液有四五％是細胞成分。細胞的九九％為紅血球，剩餘的則是白血球和血小板。換句話說，血液中漂浮著無數肉眼看不到的細胞。因此，真正的血液是不透明的深紅色液體。就好像發生優養化的河川，水裡有很多浮游生物，看上去是「混濁的」，血液也是如此。

怪只怪人體的組成太過複雜，人工的很難做的跟真的一樣。每次看電視劇時，總能切身感受到這方面的「不易」，思索著人體的無限奧祕。

現代人才有的文明「外傷」

「任天堂炎症」

一九九〇年，國際四大醫學期刊之一的《新英格蘭醫學雜誌》（*New England Journal of Medicine*），發表了一篇耐人尋味的文章（38）。這篇論文寫到，一名三十五歲的女性因為拇指痛跑來醫院就診，文章中陳述了她的症狀。

她呢，幾天前收到兒子送給她的聖誕禮物，是一台任天堂的遊戲機。因為太好玩了，她拿到後，不眠不休地玩了五個小時。這期間她的右手拇指不斷按壓操控鍵，導致肌腱發炎，痛到受不了。

在此之前，家用電視遊戲機從未如此普及，人類迎來3C產品大爆發的時代。當然，醫學史上，這樣的外傷病例也是前所未有。該篇文章的作者，美國威斯康辛州的醫師，把這種新型態的外傷取名為「任天堂炎症」（Nintendinitis）。

英文的「-itis」是「～炎」的意思，比如說「colitis」（大腸炎）、「gastritis」（胃炎）、「arthritis」（關節炎），詞尾為「-itis」的病名多到數不清。現在又多了一個結合「任天堂」與「炎症」的新名詞了。

3C症候群

時間來到二〇〇七年，同一本刊物，《新英格蘭醫學雜誌》又刊登了一篇新的病例報告（39）。

某個禮拜天的早晨，二十九歲的實習醫師感到右肩一陣劇痛。不記得肩膀曾經撞到或受傷的他十分納悶，跑去找風濕免疫科的同事諮詢，結果發現他是肌腱發炎了，才會那麼痛。

於是他仔細回想，終於想到肩膀疼痛的原因。事實上，他剛入手任天堂的新遊戲機「Wii」沒多久，迷上了其中的體感網球遊戲，一玩就是好幾個小時。體感遊戲，顧名思義，就是用身體去感受的電子遊戲。遊戲者站在電視螢幕前，手握遙控器，透過肢體動作變化進行操作。玩遊戲的時候，他的身體不斷做出揮拍的動作，導致肩膀過度使用，引發了肌腱炎。

當時，遊戲產業的發展停滯不前，任天堂賭上公司的前途，發明了「Wii」遊戲機。「Wii」是第一款將體感動作引入電視遊戲的主機，結合同時發售的「Wii Sports」軟體，讓你可以邊玩邊運動，無論是打網球、棒球、拳擊、高爾夫、保齡球等都沒有問題。

這個劃時代的創舉，讓以前不怎麼玩電玩的人也加入了遊戲的陣營，遊戲人口大幅竄升，創下 Wii 主機賣出一億多台、軟體 Wii Sports 賣出八千多萬套的驚人銷售紀錄，電視遊戲的歷史徹底被改寫了，與此同時，醫學史上也首度出現了「在自己家裡發生的新型運動傷害」。

該篇文章的作者是巴塞隆納的醫生，雖說這肩膀的外傷也是任天堂遊戲機造成的，算是「任天堂炎症」的一種，但他覺得有必要另取一個病名以做區隔，於是他把這新型態的運動外傷取名為「Wiiitis」。

面對很痛卻說不清原因的患者，醫師該如何做出正確的診斷？這時有個明確的病名，讓它淺顯易懂就很重要了。你是不是得了「任天堂炎症」？還是「Wii 肘、Wii 膝」？這樣讓病患一想，或許就能找到真正的病因了。

各種運動傷害

遊戲機的進步導致新型外傷的產生是事實，不過，在此之前，傳統的運動傷害其實也不少。舉例來說，喜歡打網球的人常會出現的肘部肌腱發炎，俗稱「網球肘」的「肱骨外上髁炎」，以及不斷投球、擲球導致肘骨、軟骨、韌帶、肌腱受傷的「棒球肘」或肩關節受傷的「棒球肩」等。

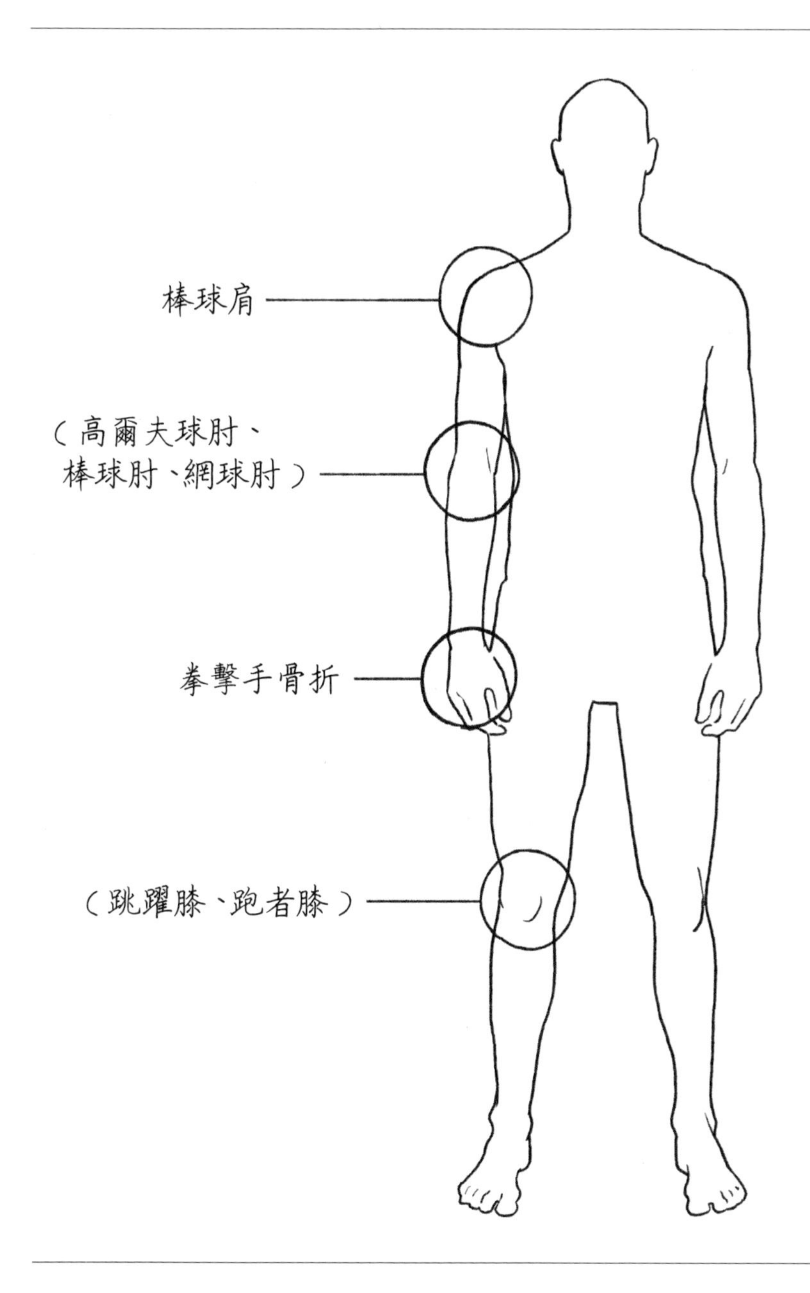

常見的運動傷害

除此之外，還有因揮桿動作導致的肘內側發炎，俗稱「高爾夫球肘」的「肱骨內上髁炎」，用拳頭高速擊打硬物導致的掌骨（手部骨骼中間的部分）骨折、「拳擊手骨折」，跑步引起的膝關節周圍受損的「跑者膝」，打排球或籃球時因為不斷跳躍、著地過猛導致的膝蓋骨（髕骨）周圍受損的「跳躍膝」等，運動造成的傷害不勝枚舉。

原本，生物生存的目的就是為了物種的延續。但不可思議的是，人類卻會為了興趣、娛樂，過度使用自己的身體，害自己受傷，導致一些新的疾病陸續產生。從生物學的觀點來看，這是很浪費生命，也很不合理的，但也只有人類能夠從中發現活著的價值，獲取幸福感，這也是生而為人的好處之一吧！

第2章

改變歷史的創新藥劑

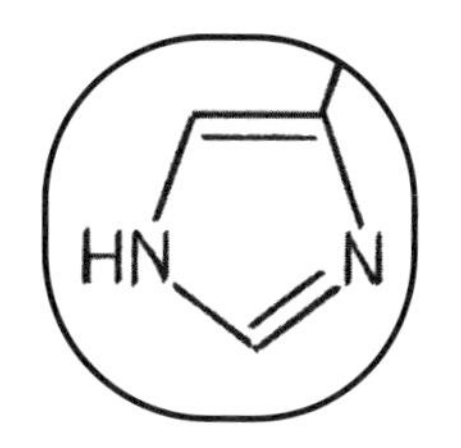

所有物質都有毒性，

世上沒有無毒的化合物。

會不會中毒，全看服用劑量的多寡。

帕拉塞爾蘇斯（Paracelsus）

（醫生）

從毒發展而來的新藥

毒蜥蜴與新藥的研發

從美國西南部到墨西哥的乾燥地帶，是美國毒蜥的主要棲息地。這種蜥蜴又被稱為「Gila Monster」（希拉怪獸），是身體帶有劇毒的一種蜥蜴。一九九二年，美國科學家約翰．英格（John Eng）注意到美國毒蜥所含劇毒裡的某項物質，將它取名為「Exendin-4」，就此往糖尿病的新藥開發邁出了第一步。

英格會注意到Exendin-4是有理由的，因為它的構造與人類身上的荷爾蒙「GLP-1」（胰高血糖素樣肽-1）非常相似。GLP-1是一種腸激素，吃完飯後由小腸負責分泌，功能為促進胰島素分泌，抑制食慾，好讓血糖能順利降下來。

只是，GLP-1的壽命非常短，在生物體內被名叫DPP-4的酵素一分解，一～二分鐘內就失去了作用。反觀Exendin-4，雖然構造與GLP-1十分相似，卻不容易被DPP-4

給分解。換句話說，它令血糖下降的作用會比較持久，或許可以把它做成藥劑來治療糖尿病。

從Exendin-4得到的靈感所研發出的糖尿病新藥，統稱為「GLP-1受體促效劑」。二〇〇五年，這類新藥首度獲得美國的認證。現今，市面上有多種新藥可供選擇，如Trulicity、Ozempic、Rybelsus等，對糖尿病的治療多有幫助。不僅如此，二〇二二年的全球藥品銷售排行榜，Trulicity和Ozempic更擠進了前十名，兩者的年度銷售總額都高達一兆日圓以上。

二〇二三年，約翰．英格也因他的貢獻：創新、革命性的基礎研究，獲頒「GOLDEN GOODS」（黃金好物）大獎。真沒想到蜥蜴的毒，有一天也能成為靈丹妙藥。

回顧藥品研發的歷史，其實，從毒發明而來的新藥可說不勝枚舉。應該這麼說，所有物質都有毒性，藥也是毒。對人類有用的是藥，有害的則是毒，是我們擅自把它們分類了。

其中，最讓人印象深刻的，是人類以屠殺為目的而研製的劇毒，後來竟成了治病良方。它，便是赫赫有名的抗癌藥物。

源自生化武器的抗癌藥物

二次世界大戰期間的一九四三年十二月，同盟國的重要軍事基地，義大利的巴里港受到德軍的大規模空襲。這次攻擊被稱為「巴里空襲」，同盟國這邊犯下非常低級的嚴重失誤，他們竟讓芥子毒氣流了出去。

其中一艘被擊沉的美國運輸船約翰哈維號（SS John Harvey），祕密裝載了兩千枚毒氣炸彈。這是為了報復萬一德軍使用生化武器而特地準備的，沒想到竟招來了大禍。在德軍的猛烈砲火下，七十公噸的劇毒就這麼流入海水裡面，一部分隨海水蒸發，變成了毒氣，很快就擴散蔓延到整個港口小鎮。

芥子毒氣（mustard gas），簡稱芥子氣，是至今殺傷力最強的毒氣之一，因味道與芥末或大蒜相似而得名。

空襲過後，傷患被陸續送往醫院。由於毒氣彈的存在是軍事機密，壓根沒人想到自己是中了芥子氣的毒。結果，八十幾名受到波及的士兵很快就去世了，幾個月過後，包含平民在內的死亡人數更高達一千人以上[1]。

芥子氣屬於「糜爛性毒劑」，是會讓人皮膚潰爛的生化武器。不過，如此重大的災難卻也讓人們明白了一件事：芥子氣的恐怖不僅止於皮膚的潰爛而已。

受到芥子氣毒害的患者，血液會發生奇怪的變化，白血球數會激增。最恐怖的是，劇毒會攻擊人類的骨髓，破壞它的造血功能。白血球、紅血球、血小板等血球細胞，都是骨髓製造出來的。一旦骨髓喪失了造血功能，血液就再也沒有新的血球可供遞補了。

尤其是白血球，依照種類之不同，可以存活的時間從數小時到數日不等，壽命很短（紅血球的壽命約一百二十天，血小板的壽命約為十天）。製造血球的工廠一旦遭受攻擊，血液中的白血球很快便會消失，免疫功能崩壞，萬一感染，就是攸關性命的危急重症。

不過，這個現象卻也引起了耶魯大學的藥理學者艾爾佛列．吉爾曼（Alfred Gilman）和路易斯．古德曼（Louis S. Goodman）的注意。他們認為，如果善加應用的話，說不定可以用於癌症的治療上。像白血球或是淋巴惡性腫瘤等血液的癌症，便是血球細胞癌化、不正常增生造成的。如果能鎖定血球、只攻擊血球的話，不就有可能把癌化的血球摧毀了嗎？

一九四〇年代起，從芥子氣研發出來的化合物「氮芥」（nitrogen mustard），開始被應用於惡性淋巴腫瘤的治療中，一如預期，效果非常顯著。在那個「抗癌藥物」根本就不存在的年代，這簡直是天降奇蹟。

之後，透過改良氮芥，一堆抗癌藥物：如環磷醯胺（Cyclophosphamide）、威克瘤注射劑（Melphalan）等陸續被研發出來，沿用至今。諷刺的是，戰爭用於殺人的毒氣，竟讓抗癌藥物的發展跨出了突破的第一步。

抗癌藥物的效果與副作用

從芥子氣研發出來的抗癌化療藥，統稱為烷化劑（Alkylating agent），作用原理為阻撓

DNA的合成，進而抑制細胞分裂。

DNA的構造就像是兩條交纏的螺旋鎖鏈，烷化劑具有活潑的「烷化基團」，能嵌入鎖鏈的縫隙裡，致使兩條鎖鏈以不正常的形狀結合，緊緊扭在一起。在此情況下，細胞DAN無法複製，細胞分裂也就不會發生了。

其實，抗癌藥物還有很多種，不過，像烷化劑一樣，藉由干擾細胞分裂的過程，發揮抗癌作用的藥劑，都算是「細胞毒性藥物」，這是抗癌藥物發展史上較早被研發出來的傳統藥劑。

癌細胞的細胞分裂旺盛，會進行不正常增生是其特徵。細胞毒性藥物，藉由干擾細胞分裂，來抑制癌細胞的增長。當然，正常的細胞每天也會進行細胞分裂而繁殖、長大。因此，這類抗癌藥劑在殺死癌細胞的同時，也容易在人體「細胞分裂旺盛的地方」引發副作用。

比方說，前面講到的骨髓細胞，細胞分裂就很旺盛，為的是提供血液源源不絕的新鮮血球。因此，「白血球數下降」是化療過程中最容易出現的代表性副作用。

再者，毛根細胞也是細胞分裂十分旺盛的地方，這也是我們會不斷長出新的頭髮，每隔一陣子就要去理髮店或美容院修剪的原因。講到這裡，你應該就能理解為什麼化療會讓人掉頭髮了吧？

還有小腸和大腸，消化道表面的黏膜也是每天都會剝落的，好替換上新的細胞。一旦這新陳代謝的過程遭到破壞，黏膜就會發炎、潰爛。化療的副作用之一：腹瀉，便是這樣來的。

近年來，除了細胞毒性藥物這類抗癌藥，更有多到令人吃驚的新藥被開發出來。特別是進入二十一世紀後，開始普及的「分子標靶藥物」，可以鎖定與癌細胞增生有關的特定分子進行攻擊，除了更有效率外，對正常細胞的傷害也比細胞毒性藥物來得小，因此副作用低是其特徵。如今市面上已經有數不盡的標靶藥物。

抗癌藥物的發展史雖然短，卻進步得很快，簡直可稱作神速了。

天使與魔鬼之藥

癌細胞跟細菌或病毒這類外敵最大的差別在於，癌細胞是「從正常細胞生出來的」。即便後來長得不太一樣，但癌細胞身上多少留有正常細胞的「影子」，也難怪我們的身體會傻傻分不清楚，用餵養正常細胞的方式來餵養它了。

一九五〇年代後期，德國研發出一款名叫「沙利竇邁」（Thalidomide）的安眠藥，除了鎮靜催眠外，還能明顯抑制孕婦的妊娠反應（孕吐），因此又被稱為「反應停」。作為孕婦使用也沒問題的止吐藥，沙利竇邁一推出就賣得很好，被廣泛使用。

然而，卻在這個時候，世界各國陸續傳出孕婦生出畸胎的案例，其中最常見的是名為「海豹肢症」（Phocomelia）的先天畸形：嬰兒四肢發育不全，短小如同海豹。是的，沙利竇邁會干擾負責胎兒肢體成長的關鍵蛋白質，導致嚴重的副作用。

一九六〇年代，沙利竇邁被指出與先天畸形有關，因而全面停賣。然而，懷孕初期服用過它的女性不少，導致日本約有一千人、全世界約有四千人以上的人次受害（2）。「沙利竇邁悲劇」（Thalidomide tragedy），是赫赫有名的世界級用藥傷害。

不過，事件過後，有關沙利竇邁的研究，仍持續進行著。既然它可以干擾特定蛋白質，那麼，是不是也可以作為腫瘤藥物來抑制癌細胞的生長呢？經過無數次臨床實驗，科學家們發現沙利竇邁對於骨髓的癌症，尤其是多發性骨髓瘤，展現出前所未有的療效。對於治療極其困難，存活率很低、存活期極短的多發性骨髓瘤患者而言，沙利竇邁不啻是天使的福音。

藥害發生的四十幾年後，日本於二〇〇八年，再度核准沙利竇邁為多發性骨髓瘤的專門用藥。沙利竇邁誘導體（改良自沙利竇邁的化合物）陸續被開發出來，如今已成為年銷售額大約一兆日圓的重要標靶藥物（3）。

持續研究的科學家們發現，沙利竇邁的功效遠超出他們當初所想像的，它不僅能治療多發性骨髓瘤，對其他疾病也都有效。當然，可能已經懷孕的婦女還是不能使用，但如今它已是醫療現場不可或缺的抗癌藥物。

鑒於這樣的歷史背景，沙利竇邁被稱為「天使與魔鬼之藥」，它是天使，也是魔鬼；是仙丹，也是毒藥。應該這麼說，不管哪一種藥，都有「天使」與「魔鬼」的雙面性。我們能做的，就是把它對正常組織的傷害降到最低，發揮它最大的功用。是的，所謂醫療就是要這麼步步為營、斤斤計較，再怎麼小心都不為過。

改變歷史的抗生素

「盤尼西林」的發現

溶菌酶（lysozyme）是一種抗菌酵素，通常作為食品添加劑來保存食物。發現溶菌酶的是英國醫師亞歷山大．弗萊明爵士（Sir Alexander Fleming）（4），時間為距今一百年前的一九二〇年代。

德國醫師羅伯．柯霍向世人揭露「細菌是致病之源」的衝擊事實，並因此獲得諾貝爾獎，是在一九〇五年。在那之後，科學家們紛紛投入研究，企圖找出可以殺死細菌的化合物，卻都無功而返。在那個年代，「抗生素」這個詞根本也不存在。

弗萊明發現溶菌酶全屬偶然，感冒的他打噴嚏的時候，不小心讓飛沫噴到培養皿上，裡面的細菌全死光了。這意味著，鼻水裡面含有可以對抗病原體的成分。

溶菌酶是由蛋白質產生的酵素，由於分子較大，就算投入人體裡面，也沒辦法滲透進目標臟器裡，因此，很遺憾地，這個發現沒能成為治療感染的藥物。不過，就在七年後，發生在弗萊明身上的另一個偶然，徹底改變了他的人生。

一直有在培養金黃色葡萄球菌的他，一九二八年的九月，不小心讓黴菌混入了培養皿裡。一旦有黴菌滋生，培養皿就只能報廢，再也不能用了。不過，弗萊明並沒有亂丟，只是把它放到一旁。就在這時他注意到黴菌周圍竟然沒有細菌，而且只有那一塊地方沒有。

所以，會是黴菌分泌的某種物質，把細菌給殺死了嗎？

這個新發現的化合物，弗萊明以青黴菌的學名 *Penicillium* 幫它命名，取名為「盤尼西林」（penicillin）。它便是我們耳熟能詳的抗生素，是改寫醫學歷史，不，是改變人類歷史的革命性藥劑。

一九二〇年代，弗萊明完成的兩個新發現，都被視為「serendipity」（機緣巧合）而為世人所津津樂道。不過，這偶然的好運絕非從天而降，而是他用努力與毅力換來的。

第一次世界大戰期間，身為戰地醫生

弗萊明

在前線服務的弗萊明，眼睜睜地看著無數士兵因為傷口嚴重感染而死去，卻束手無策。因此，戰爭結束後，他會全心投入抗感染藥物的研發，只能說是「必然」。

「機會是留給準備好的人」（原文：Chance favors the prepared mind.），這是法國細菌學家路易·巴斯德（Louis Pasteur）的名言，明確詮釋了為什麼幸運會降臨在弗萊明身上。

一九四五年，獲頒諾貝爾生理醫學獎的弗萊明，在受獎演說時向世人發出了警告。由於抗生素濫用的情形日益嚴重，未來可能會出現產生抗藥性的細菌。

弗萊明長年與細菌打交道，他太了解它們的習性了。他擔憂的未來，正是我們此刻所面對的處境。

狡猾細菌的逃脫手段

細菌被名叫細胞壁的硬膜給包圍著，沒有了這個細胞壁，細菌便無法生存。透過細胞分裂，細胞繁衍增生，此時它會合成新的細胞壁，產生下一代。

盤尼西林（青黴素），會與影響細胞壁合成的關鍵酵素「PBP」結合，干擾其運作，藉此發揮抗菌的功效。PBP，是「青黴素結合蛋白」（penicillin-binding protein）的簡稱。看名字就知道，這是繼青黴素之後被發現的物質。

人類的細胞沒有細胞壁，因此青黴素只對細菌有用。青黴素之所以能作為治療感染的藥劑，用在人的身上，道理便在於此。

不過，細菌非常狡猾。早在一九四〇年代，就已經出現了能夠分解青黴素的細菌。它會產生一種名叫「盤尼西林酶」（penicillinase）的酵素，讓青黴素的治療失效。

為求解決，人類研發出不易被盤尼西林酶分解、新的抗生素甲氧西林（Methicillin），並於一九六〇年開始使用。不過，才一年的時間便又出現了對甲氧西林有抗藥性的細菌。經過十幾二十年的歲月，如今已擴散至全世界（5）。它便是人稱超級細菌的「methicillin resistant Staphylococcus aureus, MRSA」（抗甲氧西林金黃色葡萄球菌）。

MRSA的抗藥機轉，變得更加狡猾。它所產生的PBP酵素的變化版本「PBP2'」，能躲過甲氧西林的追擊，讓強大如甲氧西林者也莫可奈何。

細菌與抗生素，還真是棋逢敵手。從此之後，你追我跑的戲碼就這麼重複上演著。

為了對抗MRSA，人類不斷投入新的研究，目前勉強能派上用場的抗生素為萬古黴素（vancomycin）。有趣的是，萬古黴素一開始並不是為了治療MRSA感染而研發的。萬古黴素一九五六年就已經出現，比甲氧西林上市的時間還早，這便是最好的證據。

名叫萬古黴素的舊武器

萬古黴素（vancomycin）提煉自生長在婆羅洲叢林裡的某種真菌（黴菌的同類）。英文的「vanquish」（擊敗），便是它名稱的由來。不同於盤尼西林或甲氧西林的抗菌機制，萬古黴素是與製造細胞壁的材料肽聚醣（peptidoglycan, PGN）的前驅體結合，藉此干擾細胞壁的合成。

「如果要讓一棟磚造的房子蓋不下去，你會怎麼做？」用這個來做比喻，應該就比較清楚了。盤尼西林和甲氧西林，是讓細胞壁合成必需的酵素失去作用，也就是把「蓋房子要用的工具（鐵鎚）拿掉」，讓房子蓋不下去（細胞壁無法合成）。另一方面，萬古黴素則是讓蓋房子的材料（磚頭）壞掉，達到房子蓋不成的目的。這與眾不同的機制，讓萬古黴素成為人類對付超級細菌的終極手段。

萬古黴素剛被提煉出來的時候，雜質多、純度不高，茶色的外觀甚至被揶揄為「密西西比河的爛泥」(6)。加上它有很強的腎毒性，會傷害腎臟，因此大家並不喜歡用它，覺得它是不太好用的藥。

然而，隨著感染ＭＲＳＡ的病人越來越多，能夠對抗ＭＲＳＡ的抗生素就變得非常重要了。美國受到ＭＲＳＡ的威脅，是在一九七〇年代。當時，正值新藥的空窗期，舊藥又都無效，竟讓早早進入市場卻乏人問津的萬古黴素鹹魚翻身，成為人類對付超級細菌的貴重武器。

目前在使用萬古黴素時，仍需測量患者的血液濃度，根據濃度來調整劑量。跟其他抗生素相比，它還是「不太好用的藥」。不過，作為對抗MRSA的武器，人類還是得仰賴它（除了MRSA，它也可以對付其他細菌）。

話說，對萬古黴素產生抗藥性的細菌已經出現了好幾個，「你追我跑」的戲碼持續上演著。況且，這裡介紹的主要為對抗金黃色葡萄球菌的抗生素，其他會感染人類的致病菌多到數不清。針對每一種，我們都要想辦法對付它，人類與細菌的「纏鬥」真是無止無休。

如果哪一天這場戰爭真的結束了，可能不是人類終於戰勝了細菌，而是我們又倒退回去那個瘟疫橫行的時代！

日本人發明的革命性新藥

全球賣得嚇嚇叫

「美國發明家名人堂」（National Inventors Hall of Fame, NIHF），是為了獎勵對社會有優秀貢獻之科學技術與發明而設立的，至今有六百位以上的發明家進入此殿堂。其中，史上第一位獲獎的是日本人。農學博士遠藤章，於二〇一二年獲得該獎項。

除此之外，遠藤博士獲得的獎項還有：二〇〇六年的日本國際獎、二〇〇八年的拉斯克獎（Lasker Award）、二〇一七年的加拿大蓋爾德納國際獎（Canada Gairdner International Award）等，這些全是頒給在醫學或科學技術面有世界級貢獻人物的獎項。遠藤博士可以說是全世界知名度最高的日本科學家。

遠藤博士的研究成果大大推動了醫療的進步，其中最大的貢獻為研發出降膽固醇藥「史他汀」（Statins）。史他

一般學名	商品名稱
Atorvastatin	立普妥（Lipitor）
Simvastatin	維妥力（Vytorin）
Pitavastatin	力清之（Livalo）
Fluvastatin	益脂可（Lescol）
Pravastatin	普脂芬（Pravafen）
Rosuvastatin	冠脂妥（Crestor）
Lovastatin	美乏脂（Mevacor）

常見的史他汀類藥物

汀被譽為全世界最暢銷的藥物，至今行銷一百多個國家，每天有四千多萬人服用。

在讀者中應該有人健康檢查時被診斷出膽固醇過高，正在服用商品名稱為冠脂妥、立普妥、普脂芬這類的史他汀藥物。

史他汀一九八七年率先在美國上市。之後，無數史他汀類藥物被研發出來，在全世界賣得嚇嚇叫。人類史上第一支達成年銷售額破一百億美元的暢銷藥，便是史他汀類藥物裡的立普妥（7）。毫無疑問地，史他汀是改變醫學歷史的革命性藥物。

源自黴菌研究的新藥

出身秋田農家的遠藤章，生活在自然生態豐富的鄉下，從小就對黴菌、真菌（蕈菇）這類東西非常感興趣。加上大學時代，他讀到亞歷山大．弗萊明的傳記，更令他對從青黴菌研發出劃時代新藥的弗萊明肅然起敬，懷抱著強烈的憧憬。

他也想跟弗萊明一樣，研發新藥，拯救世人，對社會做出貢獻。遠藤章於一九五七年進入製藥大廠三共株式會社任職（現在的第一三共株式會社），開始了他的新藥研究。他依舊把重心擺在黴菌身上，因為他認為，除了抗生素以外，黴菌一定還有其他物質是有益於人類的，他要把這樣的黴菌找出來。

就這樣，遠藤章從一九七一年起的兩年間，總共研究了六千株以上的黴菌。終於在一九七三年七月，他在某種黴菌身上發現能夠抑制膽固醇合成的物質，達成史無前例的創舉（8～10）。

奇妙的是，跟盤尼西林一樣，產生這種物質的細菌也是青黴菌，是一種名叫橘青黴（*Penicillium citrinum*）的青黴屬真菌。之後，史他汀被譽為「盤尼西林第二」，徹底改變了後來的醫藥產業。

美國的社會問題

遠藤章為什麼會把目標鎖定在降膽固醇藥的開發呢？這就要說到他到美國留學的那兩年

了。一九六六起，他在美國待了兩年，看到每年有數十萬人因為心臟病發而死去，這個數字太可怕、也太嚇人了。

攝取太多高熱量的食物，加上大家都在拚經濟，沒時間運動，導致一堆人都有慢性病（生活習慣病）。有慢性病的人，動脈血管容易硬化，死於心肌梗塞等心血管疾病的風險將大為增加。這是高速發展的美國所面臨的社會問題。

動脈硬化的危險因子之一，便是血液中的膽固醇濃度過高。然而，當時並沒有有效且安全的降膽固醇藥。遠藤章看到了這方面的需求，覺得它很有發展的潛能。

尤其是膽固醇裡的低密度脂蛋白（LDL）被稱為「壞膽固醇」，它與動脈血管的硬化息息相關。

當血管內皮（內側管壁）因不明理由受傷，且血液中的低密度脂蛋白濃度過高時，低密度脂蛋白會從傷口進入血管壁，變異成名叫氧化低密度脂蛋白（Oxidized LDL）的有害物質。這時人體的免疫系統會把這有害物質視為異物，想辦法加以排除。於是，免疫細胞中的巨噬細胞集合起來，一起吞噬（對抗）氧化的低密度脂蛋白。不過，氧化的低密度脂蛋白太多了，巨噬細胞吃不完，紛紛戰死，它們的屍骸就這麼堆積在管壁內側，形成粥狀硬化斑塊，堵住了血管，讓血管變得狹窄。

因此，只要把血液中的低密度脂蛋白濃度降下來，就可以預防動脈血管硬化。

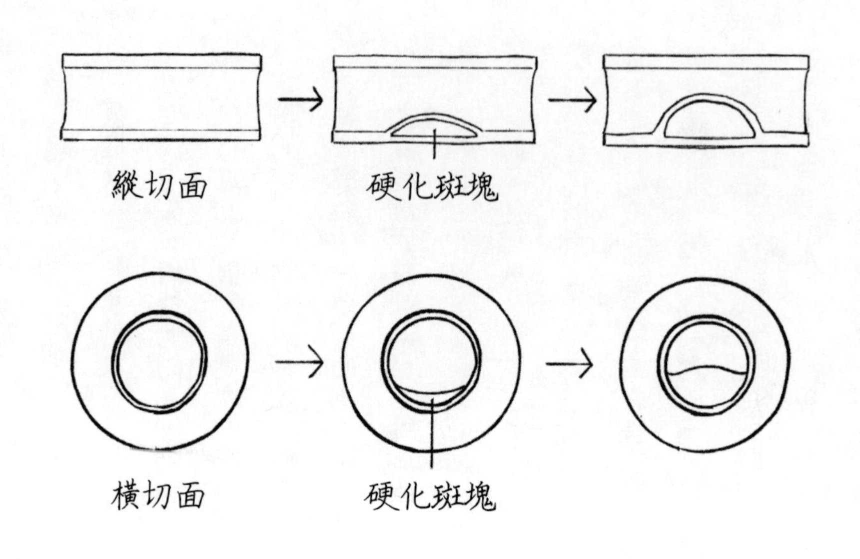

發生粥狀硬化的動脈血管

膽固醇的作用與生成

那麼，史他汀是怎麼運作的，才能讓血液中的膽固醇值降下來呢？

我們的身體會從體外攝取各種養分進來加以利用，其中也包括膽固醇。不過呢，膽固醇主要由肝臟負責製造。事實上，人體七〇～八〇%的膽固醇是自己產生的，只有二〇～三〇%是從飲食直接攝取進來的。

從慢性病（生活習慣病）的觀點來看，大家會覺得膽固醇好像是不好的東西，其實並非如此。相反地，膽固醇是人活著就不可欠缺的重要物質。它除了是全身細胞之細胞膜的原料，更是性荷爾蒙、腎上腺皮質荷爾蒙等生長激素的原料，也是膽汁等消化液的原料。

膽固醇生成的過程非常複雜，共有三十多種酵素參與反應。透過干擾左右膽固醇合成速度的「速率限制」酵素，史他汀藥物能有效抑制膽固醇的生成。

終於，人類找到了「對付膽固醇的手段」，人體這個黑盒子的解密，總算透出了一點端倪。史他汀的出現，讓各種關於膽固醇代謝的研究得以推進下去。從這點來看，它的價值並不只是「藥物」而已。

一九八五年，美國生化學家約瑟夫・里歐納德・戈爾茨坦（Joseph Leonard Goldstein）因破解了膽固醇代謝機制，獲頒諾貝爾生理醫學獎。研究期間，戈爾茨坦曾多次與遠藤章交流，請對方提供史他汀的樣本等等。戈爾茨坦的獲獎，遠藤章可謂助益良多，是幕後的一大功臣。

第一位

成功析出激素的日本人

腎上腺素的發現

腎上腺是位於腎臟上方，左右兩邊各一個的小型內分泌腺，可分為「皮質」與「髓質」兩部分。從以前，大家便知道，動物的腎上腺髓質含有能使血壓上升、血管收縮的成分，一直是科學家關注的焦點。只是，它的神祕面紗始終未被揭開。

一九〇〇年七月，化學家高峰讓吉與助手山中啓三在紐約的研究室，成功從牛身上萃取出這項物質，高峰以腎上腺的英文「adrenal gland」，將該物質取名為「adrenaline」（腎上腺素）。事實上，它是人類第一種成功析出的激素（hormone，音譯「荷爾蒙」）。

荷爾蒙（正式的醫學名詞為激素），由各種內分泌腺所製造產生，在血液中循環，僅微量便能調節身體機能，是身體裡面各器官傳遞訊息之化學物質的總稱。在那之後，人體有更多荷爾蒙陸續被發現，不過，腎上腺素是這一切的濫觴。

高峰讓吉在美國申請了專利，一九〇一年，他與全美代表性的大藥廠派德藥廠（Parke, Davis & Co.）合作，成功將腎上腺素商品化[11]。一九〇二年，這款藥劑也開始在日本販售，之後更行銷到全世界。派德藥廠就是後來的華納蘭伯特藥廠（Warner Lambert，二〇〇〇年被輝瑞併購），現在的輝瑞（Pfizer）大藥廠。

高峰讓吉發現腎上腺素迄今已經一百多年了。如今Adrenaline已經是醫療現場不可或缺的藥物。比方說，醫療劇就經常出現醫生幫心肺驟停的患者注射Adrenaline的場面。在Adrenaline的鞭策下，心臟有力，促使血管收縮，血壓上升，心肺便能復甦過來。

「腎上腺素」這個詞，大家應該都不陌生。日常生活中，我們也常用「腎上腺素飄升」來形容特別興奮或緊張害怕的時刻。透過交感神經的刺激，腎上腺髓質開始分泌腎上腺素，促使心跳加速、血壓上升、血管收縮、瞳孔放大，這些都是腎上腺素的功能。因此，遇到危險或威脅時，

高峰讓吉

我們會說「腎上腺素飆升」，潛能都被激發出來了，站在醫學的角度，這樣講其實還蠻貼切的。

身體分泌腎上腺素，以應付緊急狀況的反應，英文叫做「fight or flight response」，翻譯成中文就是「戰鬥或逃跑反應」。確實，不管是要戰鬥還是逃跑，都必須有腎上腺素的加持，才有辦法做到，對吧？

應該叫「Adrenaline」還是「Epinephrine」？

其實在醫療院所，很多人把「Adrenaline」叫做「Epinephrine」。這是因為直至二〇〇六年日本藥局這邊（根據厚生勞動大臣發出的公文）正式採用「Adrenaline」為腎上腺素的學名前，它都被叫做「Epinephrine」。這個名稱一直殘留至今，用來治療過敏性休克（anaphylaxis，全身性過敏反應）的皮下注射劑，之所以叫做EpiPen，便是從它而來。

跟高峰讓吉差不多時間，美國約翰霍普金斯大學的教授約翰・雅各布・艾貝爾（John Jacob Abel）也成功從羊的腎上腺分離出某種活性成分，並將這種物質命名為「epinephrine」。前面的「epi」是「上」的意思，為接頭語；後面的「nephrin」，則是與腎相關詞彙的共同語源，像腎臟病的英語就是「nephrotic」。因此，兩者合起來的「epinephrine」，就是腎上腺素的意思。

但是，艾貝爾的「epinephrine」，與高峰讓吉他們從牛身上取得的純粹腎上腺素，其實不太一樣，它多了一個名叫苯甲醯基（benzoyl）的結構（12）。不過，美國後來為了彰顯艾貝爾的功勞，直接以epinephrine來稱呼精純的腎上腺髓質激素。導致「腎上腺素」的說法鬧雙胞，同時有「Epinephrine」與「Adrenaline」兩種名稱。

長期以來，日本的醫藥品名稱（藥物學名）都是沿用美國的，所以我們在醫療現場聽到的腎上腺素，往往是「Epinephrine」，而非歐洲採用的、由真正發現者高峰讓吉命名的「Adrenaline」。不過，就像前面所說的，二〇〇六年起日本也改了過來，「Adrenaline」終於找回自己真正的身分。

留芳日本史的化學家兼實業家

讓高峰讓吉得以名留青史的醫療藥品，除了Adrenaline外，還有一個，那就是高峰澱粉酶（13．14）。

夏目漱石的小說《我是貓》裡有這麼一號人物，是名叫珍野苦沙彌的老師，他腸胃不好，在主角貓咪的眼中是這樣的德性：

「他腸胃虛弱，所以皮膚發黃，缺乏彈性，沒有活力。偏偏他又貪吃，每次吃撐了就吃消化藥，吃完藥後就翻書，讀兩、三頁便打盹兒，口水都流到了書本上，這就是他每天晚上在做的功課。」

「做老師實在是舒服。如果我降生為人，一定要當老師。」貓咪繼續酸言酸語地吐槽。

這裡提到的「消化藥」，就是高峰讓吉研發的暢銷居家常備藥：「高峰澱粉酶」（Taka-Diastase）。

一八九〇年與家人一起移居美國的高峰讓吉，於一八九四年，從製造日本酒所用的麴菌（黴菌的一種）中，成功萃取出名為澱粉酶（diastase）的消化酵素，並將它取名為「高峰澱粉酶」。

一八九五年，派德藥廠把高峰澱粉酶做成腸胃藥，正式在美國發售。這款藥一上市便大獲好評，創下空前的銷售業績。這次的成功也促成了之後高峰與派德藥廠於腎上腺素藥品再度攜手合作。

晚了美國三年多，一八九九年，高峰澱粉酶也在日本上市了。為了讓它更加普及，人人都買得到，一八九八年，橫濱有一家名叫「三共商店」的公司專門負責生產，它就是製藥廠「三共株式會社」的前身，也就是現在的「第一三共株式會社」。

從那之後，作為「新 Takadia 錠」或「第一三共胃腸藥」之主要成分的高峰澱粉酶，一直受到日本人的愛用。而高峰讓吉本人也是三共株式會社的第一任社長。

高峰讓吉的父親是中醫，母親則生在造酒廠家庭。他會想到把麴菌的萃取物做成藥物，有一定的家學淵源在裡面。

高峰讓吉的成就不僅於此。

在東京的工部大學（東京大學工學部的前身）念書時，他主修化學，以第一名的成績畢業，之後留學英國，接觸到最先端的科學技術，得知化學肥料的優點及好處。當時日本農業使用的肥料主要還是來自人類的排泄物。

然而，隨著人口的增加，糧食勢必也得增產才行。十九世紀前期，英國生產的人工化學肥料，是方便大量生產的磷肥。高峰讓吉把這個技術帶回日本，一八八七年在企業家澀澤榮一的協助下，成立了日本第一家化學肥料公司：「東京人造肥料會社」，也就是後來的日產化學股份公司。

是的，高峰讓吉屢次利用自己的化學專長，將它實用化並事業化，不僅提升了日本的國力，也改善了人民的生活。這卓越的功績使他被譽為「近代生物科技之父」。

讓奇蹟發生的新藥

關於「化合物E」

跟腎上腺髓質一樣，腎上腺皮質也是人體不可或缺的重要內分泌器官。不過，一直要到二十世紀中期以後，人類才發現這項事實。

美國梅約診所（Mayo Clinic）的研究者愛德華．肯德爾（Edward Kendall），與瑞士化學家塔德烏什．賴希施泰因（Tadeus Reichstein），於一九三〇～四〇年代，陸續從腎上腺皮質分離出多種化合物，並確定了它們的結構。有報告指出，牛隻的腎上腺皮質析出物，對於治療腎上腺皮質功能減退的艾迪森氏病（Addison's disease）有效，於是，他們心想要是能破解這析出物的組成成分，或許就能人工製造出專門治療愛艾迪森氏病的特效藥了。

艾迪森氏病由英國內科醫生湯瑪斯．艾迪森（Thomas Addison）於一八五五年率先針對此症提出報告，故得此名。

如今，艾迪森氏病仍是日本厚生勞動省指定的難治疾患之一，是一種慢性的內分泌疾病，起因於人體腎上腺皮質長期無法製造出足夠的荷爾蒙。牛隻的腎上腺皮質析出物之所以有效，便在於它能補充人體腎上腺皮質荷爾蒙的不足。

在一堆析出物裡面，又以肯德爾找到的「化合物E」（Compound E），後來叫做「皮質醇」（cortisol）的活性最強，只可惜它太難取得，量實在太少。這時找上肯德爾，與他聯手的是德國的默克製藥公司（Merck & Co.）。默克讓「化合物E」的效率生產得以實現，開啟了它的臨床應用之路（15）。

亨奇

只是，當初誰都料想不到，這項研究竟然促使了後來榮獲諾貝爾獎的神奇新藥問世！

事情是這樣的，跟肯德爾同樣在梅約診所上班的內科醫生菲利浦·亨奇（Philip Hench），發現他那些得類風濕性關節炎的病人，自從得了黃疸或是確定懷孕之後，類風濕性關節炎的症狀就會減輕。他認為這肯定與人體在面臨壓力時所分泌的某種物質有關，只是不知道是什麼物質就是了。

當時，針對類風濕性關節炎並沒有有效的治療方法。一開始是慢性關節炎，後來惡化到沒辦法下床的病人還挺多的。非常想知道這對關節炎有效的物質到底是什麼的亨奇，把希望寄託在肯德爾與默克正在研發的藥品「化合物E」上，請他們提供樣本給他。

就這樣，亨奇的患者成為史上第一位試用「化合物E」藥物的人。那是一名因罹患類風濕性關節炎而長期臥床的二十幾歲女性。就在投藥的四天之後，神奇的事情發生了，該名女性戲劇性地恢復，沒多久就能下床走路(16)。腎上腺皮質激素有「抑制身體發炎的功效」，這個祕密終於被解開了。

之後，從類風濕性關節炎開始，「化合物E」成了飽受自體免疫疾病（人體免疫系統異常而攻擊自己身體的疾病）折磨之病人的救世主。如今，配合各種用途，已經研發出多種有效的藥劑，是非常重要的治療用藥。

一九五〇年，肯德爾、賴希施泰因，還有亨奇三人，一同獲頒諾貝爾生理醫學獎。如今提到「腎上腺皮質激素」或「腎上腺皮質類固醇」，可以說無人不知、無人不曉，大家都知道那是一種抗發炎、過敏的靈丹妙藥。

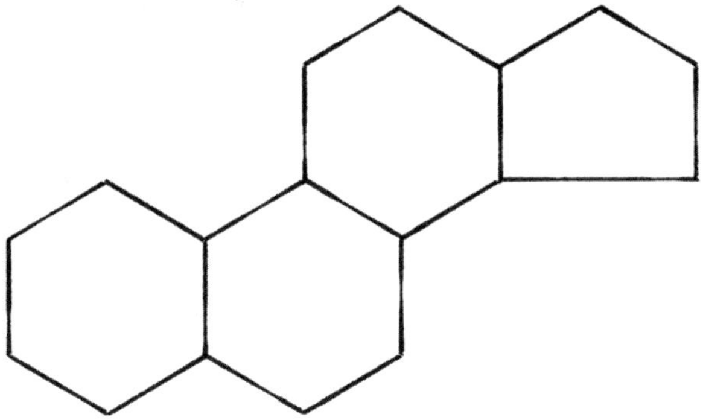

類固醇的甾體結構

各式各樣的「類固醇」

聽到「類固醇」，一般人最常想到的是用來抑制身體發炎，各種塗的、吸的、吃的藥物。還有就是運動賽事時經常引發討論的禁藥問題，覺得它是用來增強肌肉的東西。這些的確都是「類固醇」，卻是作用完全不同的荷爾蒙。

類固醇（steroid），是擁有「甾體結構」之所有化合物的總稱，特徵是有一個四環的母核（類固醇的基本結構就像個「甾」字。「巛」代表側鏈，「田」代表四個環，因此類固醇又名甾體）因此，儘管功能各異，只要擁有甾體結構的化合物便可以稱作「類固醇」。就好像甲醇、乙醇、丙醇都是「醇」，一樣是根據其化學結構（在化學中，任何有機化合物，其羥基官能團（-OH）被綁定到一個飽和碳原子，就叫醇）來分類與命名的。

話說類固醇（甾體），廣泛存在於人體內或自然界中。其實，膽固醇也是擁有甾體結構的化合物。

前面說過，膽固醇是體內許多荷爾蒙的原料，其中當然也包括擁有甾體結構的荷爾蒙（類固醇激素，steroid hormone）。身體製造類固醇激素（又稱甾體激素）的地方，除了上述的腎上腺皮質之外，還有卵巢與睪丸。

基本上，被稱為女性荷爾蒙的雌激素（estrogen）和黃體素（progesterone，又稱孕酮），以及男性荷爾蒙中的睪固酮（testosterone），最為大家所熟知。這些由卵巢或睪丸分泌的「性荷爾蒙」，對人體至關重要，包括生殖器的形成、性機能的維持、受孕的準備以及能否持續等等（也有部分的性荷爾蒙是由腎上腺皮質分泌）。

另一方面，由腎上腺皮質分泌的類固醇激素（天然荷爾蒙）種類也不少，其中活性最強的要屬醛固酮（aldosterone）與皮質醇了。

腎上腺皮質激素的功能

醛固酮與皮質醇的功能，高中時，大家上生物課時應該都學過。鑒於它的名稱有些複雜，不是很好懂，這邊就說明一下，當作複習。

首先，醛固酮是一種具有「強化電解質代謝作用」的鹽皮質素，主要作用於腎臟，負責調解鈉或鉀等電解質以及水分的再吸收。

另一方面，皮質醇則是具有「調節醣類代謝作用」的類固醇激素，又稱糖皮質素。看名字就曉得，糖皮質素的主要功能為促進糖質新生（蛋白質或脂質轉化為葡萄糖的過程），使血糖上升。除此之外，它更有前面提到的抑制發炎的特殊功效。

科學家成功從動物或人體身上析出各種荷爾蒙，進行其構造與功能的解析。如今，很多荷爾蒙都已經可以人工合成，製成藥劑。比方說，胰島素本是腎臟分泌的天然荷爾蒙，利用基因重組技術，如今已經能大量生產，做成人造胰島素來治療糖尿病。

作為藥物，如果能人工進行化學合成，就有可能大量生產。不過，好處不僅於此。根據人體自然生成的荷爾蒙所提供的線索，我們可以針對部分結構進行改造，強化特定機能，減少副作用，這樣的改良都是人造荷爾蒙可以做到的。人造荷爾蒙的功效已經可以超越天然荷爾蒙了。

一般人的印象裡，總覺得「類固醇藥」就是「加強版的人造糖皮質素」。

比方說，地塞米松（dexamethasone）、普賴鬆（prednisone）這類人工合成的類固醇，其調節醣類代謝的功能，比生物體內的天然類固醇高出數倍、甚至數十倍，因此常被製成抑制發炎的特效藥。它們以各種商品名稱在市面上販售，劑型則有外用藥膏、口服劑、注射劑、吸入劑等，真可謂五花八門、多姿多彩。

當然，因為是加強版的人造糖皮質素，副作用便是會讓血糖上升，還有高血壓、月亮臉、水牛肩、骨質疏鬆等，這些都是大家熟知的副作用。因此，在使用類固醇藥物時，必須彈性地與其他藥物並用，適度調整，才能把副作用降至最低。

此外，同屬於類固醇激素，但功能卻完全不同的性荷爾蒙，也已經有各種人工合成的藥物上市，都是仿造天然雌激素、黃體素、睪固酮的類固醇藥劑。

例如口服避孕藥，通常是人造雌激素與黃體素結合的複合藥錠。雌激素與黃體素，原本是卵巢接收到來自大腦的刺激後才開始分泌的女性荷爾蒙，身體被投以口服避孕藥後，大腦會自覺這些荷爾蒙已經足夠，不再催促卵巢分泌荷爾蒙，於是排卵受到抑制，就此達成避孕的功效。

另一方面，身為男性荷爾蒙的睪固酮，除了維持男性的生殖機能外，其蛋白質同化作用（促進蛋白質合成）更有增長、強化肌肉的功能。世界反運動禁藥機構（World Anti-Doping Agency, WADA）明文禁止使用的同化類固醇（anabolic steroid），就跟睪固酮一樣，是能提高蛋白同化活性的人造激素類藥物。

光是「類固醇」就有這麼多種，十分複雜。不過，不管哪一種都是人體不可或缺的重要激素。

不過，令人玩味的事實是，早在人類製造出「類固醇」，把它作為仙丹使用的很久很久之前，我們的身體就已經能「自行製造並擁有」這些寶貝。

乍看之下，好像人類很聰明，從無到有研發出許多特效藥劑，但它們其實早就存在於人體內，乃至整個自然界，我們只是把它們「重新找出來」而已。

嗎啡與鴉片

嗎啡與希臘神話

自西元前的古代以來，從植物提煉出的許多藥草或藥材，至今仍活躍於醫療現場，這件事挺令人吃驚的。

比方說，提煉罌粟果的汁液做成的藥材，具有緩解疼痛、鎮定心神的功效。這個事實早在古埃及時代就有人知道。之後這個被取名為「鴉片」的藥，出現了嚴重的成癮問題，甚至引發了戰爭。

英國的東印度公司，曾經把鴉片賣給中國的清政府，賺取巨額的利潤。這是十八世紀末的事。然而，隨著鴉片上癮者越來越多，以及貿易赤字不斷擴大，清政府終於受不了，於一七九六年禁止鴉片的進口。不過，此舉也惹惱了英國，藉此向滿清發動了「鴉片戰爭」。

不過，鴉片到底有什麼成分，才有這麼強的止痛、鎮靜效果？關於這一點，一直沒有人知道。終於，德國藥劑師弗里德里希・瑟圖納（Friedrich Sertürner）找到了答案。

瑟圖納不斷進行實驗，一八〇四年，皇天不負苦心人，終於讓他成功分離出鴉片的有效成分。他以希臘夢神摩耳甫斯（Morpheus）的名字，為這種物質命名為「morphine」（嗎啡），當時他才剛滿二十一歲。

嗎啡能對大腦、脊髓等神經系統產生作用，藉由抑制疼痛訊息的傳遞，達到止痛的效果。今日凡是具有這種效果的化合物，一律統稱為「類阿片」（opioid，舊譯「類鴉片」），是結合阿片的英語「opium」與接尾語「-oid」（「～之類」的意思）所造的新字。

除了嗎啡，至今人類已研發出羥考酮（oxycodone）、曲馬多（tramadol）、吩坦尼（fentanyl）等各種類阿片藥物，運用於醫療現場。一般我們在醫院會稱它們為「醫療用麻醉藥」，最常用於安寧緩和治療，因為它對減輕不治之症（如癌症）所造成的劇烈疼痛特別有效。

關於醫療用麻醉藥，蠻多人會有「它是不是毒品？會不會使人上癮？」的疑慮，其實只要使用得當，是不需要擔心的。相反地，配合不同用途，有口服、貼片、栓劑、針劑等各種劑型，可以說是便利性很高的止痛藥。

還有，因為戲劇、小說看多了，大家對嗎啡產生一種偏見，以為「那是癌末病人在使用的藥」，其實也不是百分之百正確。控制住癌症疼痛，對必須接受癌症治療的患者而言，是必要的措施。因此，視情況有不少人在罹癌初期就開始使用醫療用麻醉藥。先把痛止住了，才能避免生活品質大幅下滑，對接下來的治療也才有更大的幫助。

植物與止痛

對我們來說，「痛」是一種非常不舒服的感覺。早在西元之前，醫生們就已經挑戰過各種方法，試圖把這「痛的感覺」壓下來。前面提到的「嗎啡」，就是最好的例子。

另一方面，說到現代人最常使用的家庭止痛藥，應該有不少人會馬上聯想到Loxonin（學名：Loxoprofen）、服他寧（Voltaren，學名：Diclofenac）、布洛芬（Ibuprofen）等這類「非類固醇消炎止痛藥」。其實，它們最早也是來自於植物。

早在古希臘時代，人們就已經知道柳樹的葉子或樹皮具有緩解疼痛的功效。但是，柳樹為什麼有這樣的功效？跟嗎啡一樣，這個問題直到十九世紀才找到答案。因為不管是從柳樹的樹皮成功析出有效成分，或是以柳樹的學名「*Salix*」為這析出的物質取名為「salicylic acid」（柳酸，又稱水楊酸）等，都是一八〇〇年代以後的事。

只是，新發現的水楊酸具有很強的副作用，無法成為可以安全使用的藥物，因此一開始並未引起多大的關注。直到一八九九年，德國製藥公司拜耳稍稍更動了水楊酸的化學公式，把它改造成「乙醯水楊酸」（acetylsalicylic acid），更以「阿斯匹靈」（Aspirin）為商品名稱，正式投入醫藥市場。

阿斯匹靈一炮而紅，賣得嚇嚇叫。被譽為萬靈藥的它，是金氏世界紀錄榜上賣得最好的鎮靜劑，拜耳公司也就此躍升為世界級的製藥大廠。

阿斯匹靈能抑制引發身體發炎的前列腺素（prostaglandin）產生，因而具有消炎、止痛、解熱的效果。英國的藥理學者約翰・羅伯特・范恩（John Robert Vane）更因為破解了阿斯匹靈的這項作用，而獲得一九八二年的諾貝爾生理醫學獎。之後，跟阿斯匹靈有同樣效用的「非類固醇消炎藥物」陸續被開發出來，如今已是一般民眾在藥局就可以買到的居家用藥。

一九九九年，為了紀念阿斯匹靈上市一百週年，樓高一百二十二公尺的拜耳藥廠總部特地打扮成阿斯匹靈的樣子。以萊茵河為背景，聳立在河畔的巨大「阿斯匹靈」藥盒，再度以「世界最大的包裝」榮登金氏世界紀錄。

止痛藥的黑歷史

人類與「痛」的戰爭，不是每次都贏得這麼漂亮。

儘管已經研發出世界最暢銷的新藥「阿斯匹靈」，拜耳的大老闆海因里希・德雷澤（Heinrich

Dreser）仍不滿足，這次他把目標鎖定在嗎啡身上，試圖弄一個改良版的嗎啡：「二乙醯嗎啡」（diacetylmorphine）。

看名字就知道，二乙醯嗎啡跟乙醯水楊酸（阿斯匹靈）一樣，是透過名為「乙醯化」的化學反應，更動嗎啡的化學結構所研發的新藥。其效果是嗎啡的八倍，且因為作用時間短，成效也快。如果沒有意外的話，它應該能取代嗎啡，成為另一款暢銷藥！

就這樣，拜耳把「二乙醯嗎啡」製成商品，於一八九八年開始販售。他用希臘語「英雄」（heroish）幫這個商品取名為海洛因（Heroin），因為它會帶給服用者一種英雄般的感覺。

光是一八九九年這一年的時間，就有高達一公噸的海洛因被製造出來，風行暢銷世界各國。然而，進入二十世紀後，人們開始知曉海洛因的危害。海洛因具有強大的成癮性，絕非可以取代嗎啡的安全藥品。

遭到人們濫用的海洛因，已於一九一三年停產，如今不管使用或是持有都是違法的，屬於毒品的一種。想當初剛開發的時候，在製藥或臨床實驗的監管機制上都不夠完備，才會讓事態演變至如此嚴重。

順道一提，改良自嗎啡，同樣經由「乙醯化」之化學反應合成的「乙醯胺酚」（acetaminophen），俗稱「可待因」（codeine）的化合物，因作用比嗎啡小，相對溫和。現在一般都作為咳嗽藥使用。

失之毫釐，差之千里。別看只是化學式的一丁點差別，就能對人體造成完全不同的影響。

毒和藥真是一體的兩面：用得好是藥，用不好就是毒了。

源自炸藥研發的新藥

「死亡商人」的遺願

瑞典科學家阿佛列・諾貝爾（Alfred Nobel）是歷史上赫赫有名的大發明家。說到他最具代表性的豐功偉業，就是發明了炸藥（17〜19）。

十九世紀後半，諾貝爾把全副心血投注於如何安全地生產及使用硝化甘油（nitroglycerin）。硝化甘油是一種含氮化合物，稍有晃動就會爆炸，非常不安定，作為炸藥的話很難控制，有極大的危險性。

一八六三年，諾貝爾發明了使用金屬容器（俗稱「雷管」）的引爆裝置，讓硝化甘油得以實用化。一八六七年，他將硝化甘油混入矽藻土中，調成泥糊狀，做成安全性較高的矽藻土炸藥。他以希臘語「力量」（dynamis）替這劃時代的新產品取名為「Dynamite」。

之後，他將這種矽藻土炸藥進一步改良，將其事業化，在建築業掀起了革命。因為這項發明，以後不管是挖隧道、運河還是鋪設鐵路，凡是要破壞岩盤的工程，成本都壓倒性地下降。

不過，與此同時，這種炸藥的破壞力也讓它變成世人眼中難得的殺人武器。因為這樣被揶揄為「死亡商人」的諾貝爾，考慮在他死後要把巨額的財產分給對人類有貢獻的人。遵從他的遺願，後人於一九〇一年設立了「諾貝爾獎」。

硝化甘油的神奇效用

諾貝爾在全世界開設了九十幾間工廠，大量生產高穩定性、防誤爆的矽藻土炸藥。不過，這些炸藥工廠竟紛紛出現了怪事(20)。

在工廠上班的作業員們，都說工作時會出現頭痛、暈眩等不舒服的症狀。怪的是，工作幾個小時後，這些症狀就自己好了，不過，等過了週末再回來上班後，這些症狀又都出現了。

另一方面，患有狹心症（心絞痛）的員工，不知為什麼在工廠工作的時候，胸痛的現象就會減輕，反而是週末回到家裡才又加重了。於是，大家就想，這肯定跟瀰漫在工廠裡的炸藥粉末脫不了關係。

以此為背景，各項研究開始進行，終於人們發現硝化甘油有擴張血管的功能。腦血管擴張會導致頭痛和暈眩，不過，心臟周圍的血管擴張，卻能抑制狹心病的發作。這項發現成了探索藥物的契機。

之後，經過改良，硝化甘油成了治療狹心症的藥物。如今市面上有各種硝化甘油的藥劑，包括發作時在舌下噴幾下的噴劑、含一片在舌下的舌下錠或皮膚貼片等等。

硝化甘油可以讓冠狀動脈迅速擴張。冠狀動脈圍繞在心臟周圍，是負責把血液送回心臟肌肉（心肌）的血管。冠狀動脈變窄，流回心肌的血液就會不夠，胸口便會疼痛，所以狹心症又稱為心絞痛。一旦心肌缺氧壞死，更會引發俗稱「心肌梗塞」的危急狀態。

研究發現，硝化甘油連續使用的話，人體會出現抗性，效果會越來越差。工廠員工的頭痛或暈眩現象逐日減輕的理由，正在於此。

心臟救命藥用的原料竟然跟炸藥的一樣？或許你會覺得很不可思議。但學醫學得越久越會覺得，這樣其實很正常。畢竟人體也是自然界存在的一切化合物所組成的有機物，是吧？

話說，雖然原料相同，卻不用擔心狹心症藥會爆炸，因為裡面的硝化甘油含量很少，微乎其微，是不會爆炸的。

硝化甘油的藥理機轉

「硝化甘油」原本指的是一種含氮（nitroren）元素的硝基（nitro-）化合物，不過，現在大家對它的印象卻是救治心臟的用藥，可見它有多通行。

那麼，為什麼硝化甘油具有擴張血管的功能呢？不管是被做成藥，還是它的藥理機轉，人們都是很晚才發現的。

我們全身的血管會視情況不斷地擴張或收縮，這點第一章也曾提到過。而血管的變化，則是由構成血管壁的肌肉——平滑肌的用力、放鬆所掌控。

血管擴張的過程十分複雜，這裡大致描述如下：

血管內皮（內側管壁）會產生一氧化氮（NO），以此為訊號，促使血管平滑肌放鬆。因此，只要增加一種名叫 cGMP（環磷酸鳥苷）的神經傳導物質，就可以讓肌肉做出鬆弛反應，進而使血管擴張。在我們毫無感覺的情況下，全身的血管每天都在做著這樣的反應。

其實，透過分解硝化甘油就可以產生一氧化氮。換句話說，硝化甘油藥劑的機轉為釋出一氧化氮，促使血管擴張。

一九九〇年代，人們發現一氧化氮除了能促使血管擴張外，更是掌管各種機能的神經傳導物質。就一個氮原子和一個氧原子結合在一起，構造極其簡單的氣體物質，竟然在人體內扮演如此重要的角色，這個事實給了全世界科學家很大的衝擊。

一九九八年，美國醫師斐里德．穆拉德（Ferid Murad）、化學家羅伯．佛契哥特（Robert Furchgott）與藥理學者路易斯．伊格納羅（Louis Ignarro）等三人，以「發現一氧化氮於血管擴張上的傳訊作用」的研究，一起獲得了諾貝爾生理醫學獎。

心臟藥意想不到的「副作用」

發現硝化甘油的作用後，製藥公司紛紛投入新藥的開發。一九八五年，美國的輝瑞藥廠也開始了狹心症治療藥劑的研發，並找到了能有效干擾 cGMP 分解酵素「PDE-5」的物質。

只要阻斷 PDE-5，cGMP 就不會被分解，cGMP 的量就會增加。這時你猜會發生什麼事？回到前面講到的從一氧化氮開始的一連串反應，就會知道這時血管肯定會擴張，對吧？輝瑞將該物質編碼為「UK-92480」，期待它能成為心臟病藥的明日之星，只可惜臨床實驗上，它並沒有展現預期的效果，副作用倒是挺多的，看來要把 UK-92480 做成治療心臟病的藥，是不可能的了。

然而，這時有件怪事發生了（21．22）。參與臨床實驗的男性患者們，即使實驗已經結束了，也遲遲不把剩餘的藥拿回來還。原來 UK-92480 出現了當初完全料想不到的副作用。cGMP 會促使陰莖的血管擴張，血流增加，有助於持續性勃起的產生。

這乍看之下微不足道的反應，對許多男性而言，根本不算「副作用」。對有勃起功能障礙（ED）的中高齡男性來說，這可是能提高性生活滿意度、求之不得的「夢幻神藥」。

輝瑞藥廠於一九九六年取得這種新藥的專利。一九九八年，它成為專治男性勃起障礙的藥物「威而鋼」（Viagra），正式進入市場。威而鋼在全世界賣得超好，造成極大的轟動，輝瑞的股價因此飆升。原本是要拿來治療心臟病病人的心絞痛，沒想到竟誤打誤撞，開拓出一大片市場。

曾經無藥可治的胃潰瘍

胃潰瘍與手術疤痕

身為外科醫生，我們在看病的時候經常會遇到「年輕時因為胃潰瘍，把胃切除了」的高齡長者，他們的肚子上通常會有一道從心窩到肚臍的長傷疤，一看就知道是做過胃部手術的。

然而，有這種經驗的患者人數，到達某個年齡層以下，就會急遽地減少。時至今日，我們已經很少看到「因為胃潰瘍而把胃切除的年輕人」。原因無它，胃潰瘍現在已經是吃藥就可以治癒的疾病。

我們把它當作理所當然的「福利」享受著。然而，造就這項福利的「常識」，其實是很近代才被發現的。

潰瘍是怎麼發生的？

胃會分泌名叫胃液的消化液。胃液的量每天高達一公升。胃液中含有豐富的氫正離子（H^+）和氯負離子（Cl^-），構造和鹽酸（HCl）一樣，所以才會說胃可以分泌鹽酸。在胃酸的作用下，胃內部是pH值一的強酸環境。

胃酸的作用有：殺死隨著食物或水進入身體的微生物，軟化胃裡的食物，活化消化酵素，使食物容易被分解等等。胃的消化酵素被稱為胃蛋白酶（pepsin），功能是將食物中的蛋白質分解為更小的分子。雖然胃蛋白酶是胃內重要的消化酵素，但並不是由胃直接分泌出來，而是由胃蛋白酶的前驅物——胃蛋白酶原（pepsinogen）轉化而來。

看到這裡，你可能會有個疑問：既然胃酸那麼強，胃怎麼不會被自己的酸給溶解腐蝕掉？那是因為覆蓋在胃黏膜上的鹼性黏液把酸給中和了，讓黏膜的表面得以維持在pH六～七的弱酸性。反過來說，如果今天這個防護網稍微出現了漏洞，黏膜就會曝露在鹽酸之中。於是，受傷的黏膜開始發炎，表面出現破洞，引發潰瘍。發生在胃壁黏膜的為胃潰瘍，發生在十二指腸的則為十二指腸潰瘍，兩者合在一起統稱為「消化性潰瘍」。

為了消化食物，我們需要這麼強的酸，但相對地，保護身體免受這種酸侵害的機制也很重要。可以說兩者處於一個危險的平衡，誰少一點或多一點都不行。

消化性潰瘍持續惡化下去，搞不好會貫穿胃壁，這叫做「穿孔」。胃破了個洞，裡面的東西漏洩到腹腔之中，一旦引發嚴重腹膜炎，將危及性命。再者，潰瘍的傷口如果很深的話，會讓通過胃壁的大血管被切斷，引發大出血，曾有人因此喪命。

總之，消化性潰瘍必須好好治療，一不小心就會要了你的小命，是不可輕忽的恐怖疾病。

人類與酸的戰爭

截至一九五〇年代為止，人類對抗消化性潰瘍的手段，幾乎都失敗了。為什麼呢？因為能夠有效抑制胃酸分泌的藥物尚未問世。

氫氧化鋁（aluminium hydroxide）、碳酸氫鈉（sodium bicarbonate），這類溶於水後呈現鹼性的制酸劑已經非常普及，但是對於消化性潰瘍的效果實在有限。

制酸劑的作用是中和已經分泌的胃酸，可是治療消化性潰瘍需要的卻是能夠抑制胃酸分泌的藥，從源頭就把胃酸掐斷。科學家們紛紛投入研究，試圖解開這道難題，卻始終找不到突破的線索。

一九六〇年代，英國的製藥公司 SK & F（Smith, Kline and French，葛蘭素史克／

GlaxoSmithKline的前身）旗下研發部門的藥理學者詹姆士・懷特・布拉克（James Whyte Black），把焦點擺在了能夠促進胃酸分泌的組織胺（histamine）上。

人體內有許多地方都會產生組織胺，它是一種多功能的物質。比如說在胃，組織胺就是促進胃酸分泌的神經傳導物質。基本上，大家對組織胺應該都不陌生，因為專門抑制蕁麻疹等過敏反應的藥被稱為「抗組織胺」，是非常有名的過敏藥，裡面就有組織胺三個字。

組織胺和組織胺的受體結合後，才能發揮功效。打個比方來說，組織胺就好像鑰匙，它的受體則是鑰匙孔。其實不光是組織胺，只要是人體內的訊息傳遞，都有各自的「鑰匙」和特定的「鑰匙孔」，兩者必須吻合了，訊息才能傳遞成功。

布拉克

當時，作為過敏藥的「抗組織胺」早已被研發出來，只是不知為什麼，這種藥竟然沒有抑制胃酸的功效。後來科學家們才發現，原來與胃酸分泌有關的組織胺受體，和與過敏反應有關的受體是不一樣的。

換句話說，作為「鑰匙」的組織胺只

有一個，能夠配對的「鑰匙孔」卻有兩個。至於會引發A作用、還是B作用，全看鑰匙「插入哪個鑰匙孔裡」。所以，之前的「抗組織胺藥」能阻斷的只有引發過敏反應的組織胺受體。

這個傳統的組織胺受體為「H_1受體」，至於後來這個與胃酸分泌有關的受體則被命名為「H_2受體」（23）。只要找到可以阻斷H_2受體的物質，就有可能研發出抑制胃酸分泌的藥。

藥物探索的典範轉移

一九七五年，鍥而不捨的布拉克終於從無數化合物中找到安全且有效的物質，SK & F公司把這種物質製成H_2受體阻斷劑——「西咪替丁」（cimetidine），正式投入市場。西咪替丁的效果非常顯著。消化性潰瘍手術因它銳減，醫界掀起了一場革命。人類終於找到抑制胃酸分泌的方法了。

布拉克的貢獻不只是新藥開發這一點。他鎖定受體為標靶，試圖在分子階段進行干擾物的化學合成。這個過程是史無前例的，有別於以往的大海撈針、神農嘗百草，讓「藥物探索」（指一個新的候選藥物的發現過程）這個產業，發生了典範轉移（paradigm shift）。

一九八八年，布拉克實至名歸地獲頒諾貝爾生理醫學獎。H_2受體阻斷劑更成為世人口中的「減少外科醫生工作的神藥」。

西咪替丁上市後，一堆藥廠紛紛投入研發競爭，企圖找到更有效的H_2受體阻斷劑。一九七九年，山之內製藥（安斯泰來製藥／Astellas Pharma Inc. 的前身）的研究團隊，成功研發出效果空前的H_2受體阻斷劑「YAS424」。科學家發現該化合物的活性是西咪替丁的三十倍以上，並將它命名為法莫替丁（famotidine）（24）。

經過嚴謹的臨床實驗，一九八五年法莫替丁以「GASTER」（胃舒達）的商品名稱，正式投入市場。GASTER這個名字源自胃的拉丁接頭語「gastro-」，簡單明瞭，一看就知道是治療胃病的。胃舒達銷往全球一百三十多個國家，以其效果和安全性，一下子就衝上了世界銷售第一（24）。

不僅如此，從一九九〇年代起，更有效的消化性潰瘍治療藥——氫離子幫浦阻斷劑（Proton-pump inhibitor, PPI）陸續被研發出來。看名字就知道，這是一種抑制氫離子分泌的藥物。

本來酸的定義在於氫離子的有無，有氫離子的才叫做酸。自從PPI問世以來，人類在與酸交戰時，似乎又多了幾分勝算。

組織胺與「假性過敏」

「感覺舌頭麻麻的」

二〇一三年十月，日本某食品加工廠因生產的魚罐頭被驗出組織胺超過社內規定的標準，宣布將自主回收六百萬件以上的商品(25)。少數消費者反應吃了罐頭後「舌頭麻麻的」，因而啟動相關調查。

為什麼罐頭裡面會有這麼多的組織胺呢？原因在於作為原料的鰹魚含有豐富的、名為「組胺酸」（histidine）的必需胺基酸。在細菌所含酵素的作用下，組胺酸很容易轉變為組織胺。

組胺酸與組織胺的構造非常相似。組胺酸通常在鰹魚、鮪魚、鰤魚、秋刀魚、沙丁魚等紅肉魚身上含量較高，也是重要的營養素之一。另一方面，組織胺就像前面所說的，是重要的神經傳導物質，負責在體內傳遞各種訊息，更以能引發過敏反應而眾所周知。

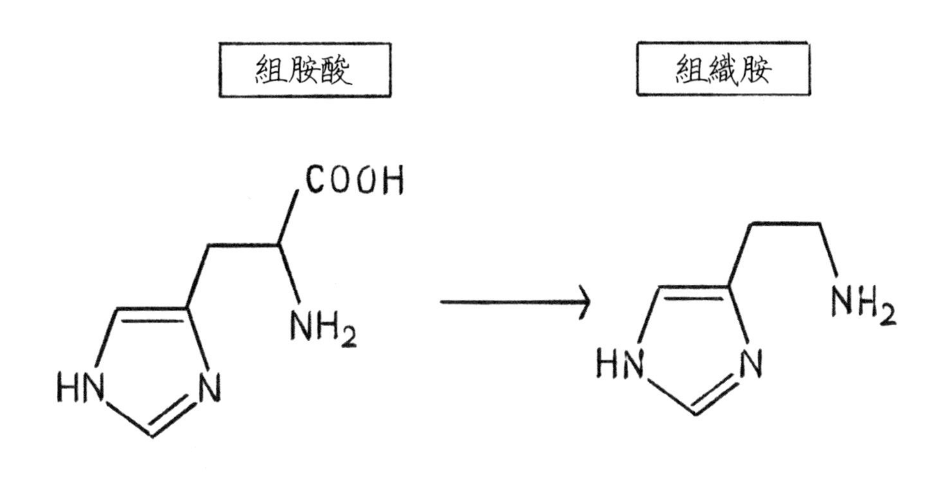

組胺酸與組織胺

說穿了，人體也是存在於自然界的有機物，自然界裡的各種物質會在我們體內引發許多反應，其實也不足為奇。

一旦我們攝取過多的組織胺，身體便會出現臉部潮紅、蕁麻疹、頭痛、發燒等類似過敏的症狀。換句話說，身體的過敏現象，不是因為體內自行生成的物質，而是因為從體外攝入的食物。這種因攝取高濃度組織胺食物所引發的現象，被稱為「組織胺中毒」或「組織胺不耐」（histamine intolerance）。

關於組織胺中毒，光是通報上來的，日本每年都有多達一百～四百人次的中毒案例。幼兒園或中小學的團膳，通常是引起大規模組織胺中毒的起因。因此，厚生勞動省和消費者廳再三敦促國人在處理食物時要特別小心(26・27)。

組胺酸一旦變成組織胺，就會積存在食物裡面，即使加熱都無法避免中毒，因為組織胺是對熱非常安定的耐熱化合物。因此，為了抑制細菌和酵素作用，防止組織胺產生，把魚買回來後就要馬上放進冰箱，做好溫度管理非常重要。此外，組織胺生成菌大量存在於魚鰓或內臟中，盡早把它們去除也是不錯的方法。

高濃度的組織胺進到嘴裡的瞬間，嘴唇或舌頭會出現麻麻的刺激感，這表示食物已經壞掉了，請立刻停止食用並將其丟棄。

引發過敏症狀的原因

組織胺中毒的症狀雖然跟過敏很像，卻不是「過敏」。因此，曾經組織胺中毒的人，在食用組織胺沒有增加的食物時，是不會有任何症狀的。就好比某人吃了鰹魚引發了組織胺中毒，並不表示他就「對鰹魚過敏」了。

過敏，指的是免疫系統所引發的各種不適症狀。當身體受到細菌或病毒等外敵入侵時，免疫系統就會啟動，試圖擊退敵人。然而，免疫系統有時候會對花粉、塵蟎、雞蛋、蕎麥等這些對身體不算有害的異物也產生反應，甚至是過度的反應，這便是所謂的過敏了。

出現過敏症狀的過程有點複雜。首先，身體會針對入侵的異物，量身訂製特定的抗體。抗體嘛，你可以把它想像成是免疫系統用來對付外敵的武器。就好像驅蚊要用蚊香，殺蟑要用殺蟲劑一樣，武器要視敵人的性質、形狀量身打造，攻擊起來才有殺傷力。

跟過敏反應有關的抗體，是被稱為「IgE」（免疫球蛋白E，Immunoglobulin E）的抗體。面對異物，身體會製造出IgE抗體，IgE抗體會與被稱為「肥大細胞」（mast cell）的細胞結合，促使肥大細胞內的組織胺被釋放出來。然後，這個組織胺又與H_1受體結合，從而引發了過敏症狀。

一旦全身出現激烈的過敏反應，人可能會陷入血壓下降，失去意識等十分危急的狀態。這有個專門說法叫過敏性休克。空氣流通的呼吸道因嚴重過敏而黏膜腫脹，發生堵塞，一下子就喘不過氣來，有可能窒息而死。

話說，組織胺中毒跟真正的過敏不一樣，很少會有這麼嚴重的狀況，不過，抗組織胺的藥對它同樣有效。了解人體的運作機制後，就知道要怎麼治病了，組織胺中毒就是個很好的例子。

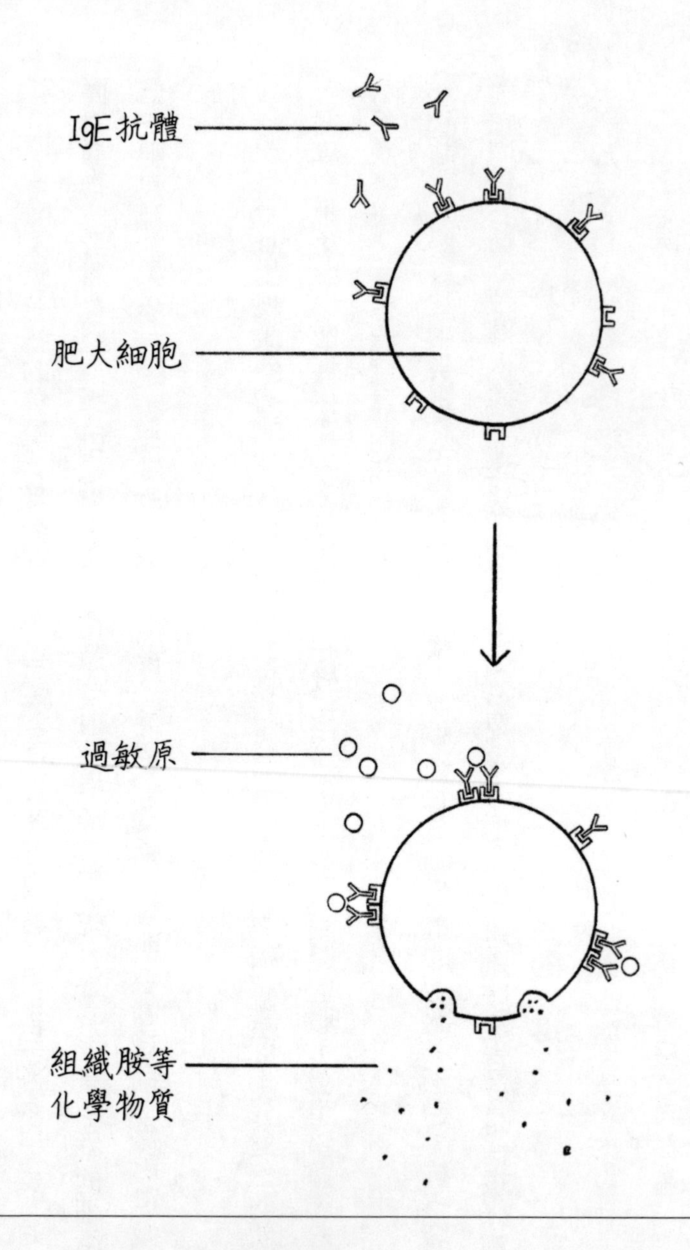

過敏反應的發生

抗組織胺藥物的研發

第一位成功合成抗組織胺藥物——H_1受體阻斷劑的，是義大利的藥理學者達尼埃爾・博韋（Daniel Bovet）。這是一九三七年發生的事，之後，各種抗組織胺藥被開發出來，一九四〇年代已廣泛用於臨床治療（28、29）。除了成功合成抗組織胺外，博韋還留下許多豐功偉業，於一九五七年獲頒諾貝爾生理醫學獎。

博韋

前面講到，如果組織胺是「鑰匙」，組織胺受體就是「鑰匙孔」，兩者必須吻合，組織胺才會釋出。因此，抗組織胺的作用就是阻止受體接收組織胺，不讓組織胺釋出，進而減輕身體的過敏反應。

話說，最初的抗組織胺不太好用，副作用多是一大缺點。怎麼說呢？因為組織胺受體存在於身體的各個角落，組織胺也負責各種不同的功能。一旦把組織胺阻斷，不僅會抑制過敏反應，其他重要的功能也會一併受到壓抑。

其中又以對大腦的副作用最為棘手。組織胺作用在大腦時，可使大腦皮質活化，讓人處於精神好、清醒的狀態。但是，當抗組織胺藥物隨著血液流往大腦時，這裡的組織胺會受到抑制，進而引發了催眠效果。早期的抗組織胺最廣為人知的副作用「嗜睡」，便是這樣來的。

此外還有一個缺點。除了跟組織胺的受體結合，抗組織胺藥物也會與其它受體結合，阻斷它們的功能。原本不是目標的「鑰匙孔」也塞住了，「鑰匙」插不進去，組織胺以外的物質也都發揮不了作用。傳統的抗組織胺藥物，除了會造成口渴、排尿困難等症狀，更有便祕、促進食慾等副作用，原因便在於此。它們被稱為「第一代」抗組織胺藥物，苯海拉明（Diphenhydramine）、氯菲安明（Chlorpheniramine）為其中代表。

為了減輕上述副作用，科學家們不斷改良抗組織胺的結構。一九七〇年代以後，新的抗組織胺藥物陸續被研發出來，正式進入市場。這些抗組織胺藥不容易移往大腦，嗜睡的副作用減輕了，是最大特徵。再者，因為不易與組織胺以外的受體結合，其他副作用也跟著沒了。

非索非那定（Fexofenadine）、奧洛他定（Olopatadine）、氯雷他定（Loratadine）、左西替利嗪（Levocetirizine）……，這些藥物則被稱為「第二代抗組織胺」，如今市面上有各種商品可供選擇，造福了無數過敏的患者。

是的，為了降伏組織胺這個平凡無奇的小小化合物，人類窮數十年精力苦心孤詣地研究，總算是開花結果了。

因腸胃炎而死的時代

「平均壽命」的驚人變化

距今約一百年前的一九二〇年（大正九年），日本人的平均壽命為男性四十二・一歲，女性四十三・二歲(30)。反觀二〇二一年的日本人平均壽命，男性為八十一・五歲，女性為八十七・六歲。同樣的國家，光是一個世紀，平均壽命就起了這麼大的變化，真是叫人難以置信。

話說，一百年前，日本人都是怎麼去世的？翻查上世紀人們的死亡原因，肺炎、結核病占大宗，除此之外，特別引人注意的還有「腸胃炎」。腸胃炎，基本上是細菌或病毒等病原體隨著食物或水進入人體裡面，引發消化道感染的一種疾病。如今死於腸胃炎的人已經非常非常少，這都要歸功於衛生環境的改善，以及醫療的進步。

今天就算你吃壞肚子，不停地上吐下瀉，醫生診斷說你

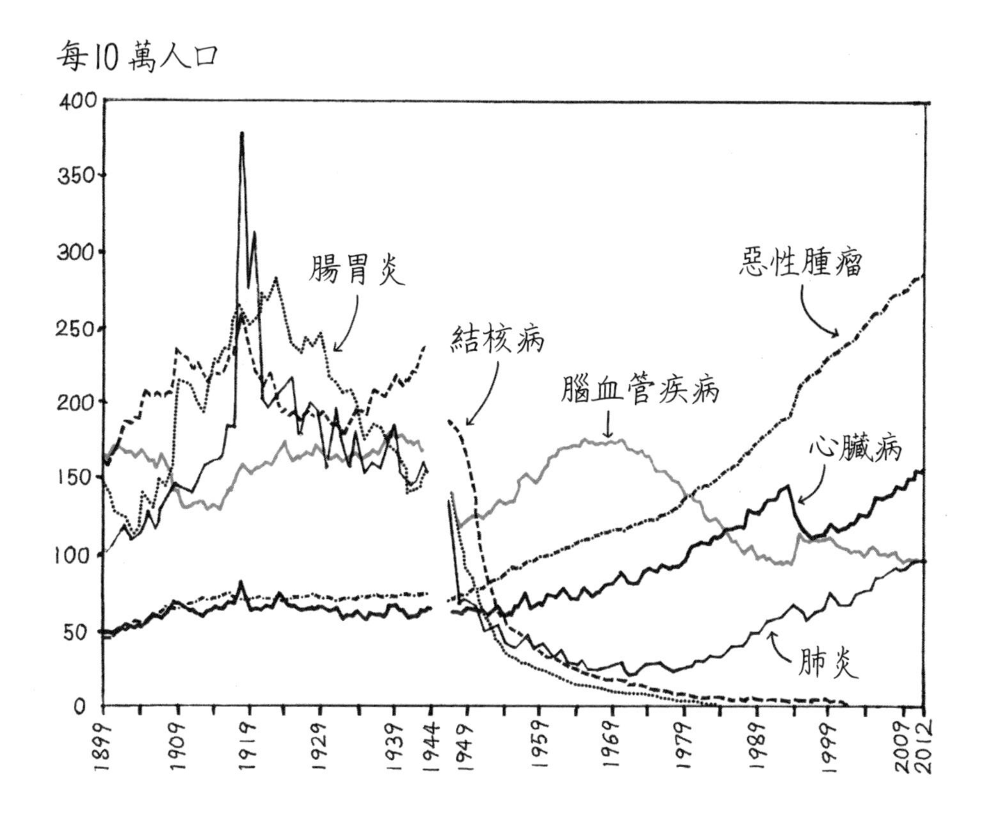

資料來源：「傳染病學—肺炎疫學告訴我們的真相：從死亡率看呼吸系統科醫生的現況與未來」
日本呼吸器學會誌 2（6）, 2013

從死因統計結果看死亡率的變遷

得了「腸胃炎」，你也不會以為自己快要上天堂了吧？然而，就在一世紀以前，腸胃炎的死亡率就跟現在的癌症一樣高。可以想見，對當時的人而言，腸胃炎的威脅有多麼可怕。

數小時內就會死亡

霍亂曾經是奪走無數生命的腸胃炎之一。霍亂，是病原體為霍亂弧菌的傳染病，霍亂弧菌產生的毒素會讓被感染的人出現急性腹瀉的症狀，若不及時治療，可能數小時之內就會死亡，是非常恐怖的疾病(31)。

死亡的原因，主要是因為一天十至數十公升的腹瀉所造成的嚴重脫水(32)。霍亂的腹瀉會排出俗稱「米水便」的白色水便，是其典型症狀。因為短時間內流失極大量的水分和電解質，導致生命維持機能無法正常運作。偏偏這些喪失的水分和電解質還不能靠喝水補充，因為腸胃炎引發了嘔吐，一喝就會全部吐出來。

細菌和毒素得經由腸道排出，直到腸子的發炎被治好為止，必須想辦法從嘴巴以外的地方把水分和電解質補充進來，否則就只能等死了。這時醫生們想到的辦法，就是現在一般俗稱的「吊點滴」，也就是「輸液」的技術。

一八三二年，英國醫師湯瑪斯・拉塔（Thomas Latta）把摻有食鹽和小蘇打的溶液注入霍亂患者的靜脈血管裡，是最早的輸液(33)。從那之後，靜脈內注射、皮下注射、從肛門注入等等，醫生摸索著「把水分注入人體最好的方法」。

其中最常被使用的手法是大量的皮下注射(33)。把針扎入手臂、大腿、臀部等肉多的地方，讓液體流進皮膚底下，滲透到組織中，在血管內回收，從而達到補充水分的目的。當然，這個手法有一定的限制。皮膚底下的空間有限，不可能一次輸入太多的液體。

反觀現代的醫療院所最常使用的方法，是把液體注入靜脈裡面。只是，這個方法需要非常純熟的技術。現在有好用的工具，可以安全且持續地進行靜脈注射，在以前要這麼做，得先把皮膚切開，露出靜脈才行。

不光是技術的難度高，細菌等不小心混入，引發血液感染的風險也很高。不管是英國外科醫師李斯特首度提出「消毒」的概念，還是德國醫師柯霍證明細菌是致病原因的事實，都是在十九世紀後半的事。在這之前，要安全執行把液體注入血管的外科處置，簡直比登天還難。

幸好後來注射針、針筒、容器等輸液必需的工具都齊全了，殺菌過後，安全性也有了保障。進入二十世紀後，靜脈注射終於普及開來。

要注射什麼才好？

脫水是身體的水分不夠，但也不能因為這樣就直接把水注入到靜脈裡面。就像第一章曾經提到的，把滲透壓低的水打入血管裡，會讓紅血球等血液細胞遭受破壞，產生所謂的「溶血」反應。因此，進行輸液的時候，必須使用跟血液等滲透壓的液體才行。

因此，以前最常被用來做成點滴的是食鹽水。滲透壓跟血液的差不多，濃度為〇・九%的食鹽水被稱為「生理食鹽水」，是目前各醫療院所仍經常使用的代表性輸液製劑。

一八八三年，英國醫師西德尼・林格（Sydney Ringer）在食鹽水中加入了鉀和鈣，研發出更接近體液的輸液製劑。在日本叫做林格氏液，是從事醫療者都知道的製劑，加入乳酸後變成「乳酸林格氏液」（Lactated Ringer's Solution），加入醋酸後就是「醋酸林格氏液」（Acetated Ringer's Solution），這些都是醫療現場經常用到的輸液製劑。

順道一提，林格的弟弟弗雷德里克・林格（Frederick Ringer）從江戶幕府到明治時期在長崎經商，對日本的現代化多有貢獻。一八六八年蓋好的林格樓是其故居，現在為長崎市著名的觀光景點——哥拉巴園（Glover Garden，覆蓋著日式瓦片的西式建築），更被指定為重要文化財而保存下來。

此外，長崎強棒麵（ちゃんぽん）的連鎖品牌「リンガーハット」（Ringer Hut）就是以弗雷德里克·林格的名字來命名的(34)。

言歸正傳，現在除了生理食鹽水、林格氏液外，還有各種不同配方的輸液製劑在市面上販售，醫生會視患者的情況挑選適合的點滴來使用。

在輸液製劑上，拿下全日本五〇%以上市占率的龍頭公司大塚製藥，在其草創地德島縣的鳴門市蓋了一間名叫「輸液 Library」的博物館。在這裡，你可以看到，為求安全與便利性，輸液容器不斷地進行改良與創新，從一九四〇年代的玻璃瓶，到一九六〇年代的 PE（聚乙烯）塑膠材質，再到一九七〇年代的 PP（聚丙烯）塑膠材質。

別小看這麼一個隨處可得的容器，短時間內真的做到進步神速，令人嘆為觀止！

從牛的怪病發展而來的新藥

探究怪病的起因！

一九二〇年代，加拿大和美國北部的多處牧場，接連發生牛隻出血死亡的事件。調查發現，原來是牛吃的飼料「草木樨」（Melilotus）出了問題。

草木樨，英文俗稱「sweet clover」，是一種帶有甜蜜香氣的牧草。也不知怎麼的，牛吃了腐敗的草木樨，一旦出血就很難止住。後來這個怪病便被稱為「草木樨中毒症」。

草木樨所含的「香豆素」（coumarin），會散發出類似香草、令人愉快的香味。一九四一年，美國威斯康辛大學的教授和化學家卡爾．保羅．林克（Karl Paul Link）發現，草木樨一旦腐壞，裡面的香豆素就會變異成阻止血液凝結的雙香豆素（dicumarol）（35）。

雙香豆素進到動物體內，會防止血液凝結，導致一旦內出血就很難止住。這下子終於找到害大量牛隻出血死亡的凶手了。對牛隻還有酪農戶而言，再也沒有比這更可怕的物質了。

不過，如果用對的話，它也會是很方便的藥，比如說用來驅除老鼠。

林克等人把改良自雙香豆素的藥劑取名為「華法林」（Warfanin），並取得專利。華法林一詞是WARF——威斯康辛校友研究基金會（Wisconsin Alumni Research Foundation）的縮寫，加上香豆素（coumarin）的「arin」為後綴所組成。

作為滅鼠劑的華法林大受歡迎，只要讓老鼠連續吃個幾天，牠們就會因腦出血或腹腔出血而死亡。

它不像傳統的滅鼠劑，吃完後會馬上死掉，老鼠會驚覺餌料的毒性，下次便不會輕易中計。相對地，華法林不僅無臭無味，還不會馬上發作，每天吃一點，讓血液慢慢凝固，具有非常好的延遲性。因為有這個特點，讓它變成大家愛用的滅鼠藥。

對人類而言也是珍貴的藥

華法林至今仍是全球應用最廣的代表性滅鼠藥，在大賣場或五金行都可輕鬆買到。不過，只用它來殺老鼠未免太大材小用了。這麼好的抗凝血劑，用在人身上不知道會怎麼樣呢？

血液一旦凝固就會變成血栓，因為血栓堵住血管而喪失性命的病有很多，例如腦梗塞便是其中之一。心臟出現了血栓，之後更隨著血液流往大腦，把大腦的血管堵住了，這類型的腦梗塞稱為「心因性腦梗塞」。造成心因性腦梗塞（急性缺血性腦中風）的主要原因，為心律不整現象之一的「心房顫動」，「心房」這個心臟的房子不停地顫抖，造成血液在裡面沉澱而形成血栓。

對於這樣的患者，華法林應該能派上用場：利用它的抗凝血作用，防止血栓形成。而且從老鼠吃了毒餌會死掉這點來看，華法林應該用吃的就會有效果。換句話說，它可以做成「口服藥」。光憑這點，華法林就比點滴之類的強太多了。

除此之外，下肢靜脈血栓或是肺栓塞（腿或是肺的血管被血栓堵住）等，都是血栓引發的疾病。對付這樣的疾病，內服的抗凝血藥簡直太好用了。

一九五〇年代以後，經過無數次臨床實驗，確定了對人體的安全性及有效性後，華法林正式成為抗凝血藥物，被廣泛應用於醫療現場。如今，華法林仍是世界首屈一指、「人」也可以用的抗凝血藥物。

解密華法林的抗凝血作用

話說，為什麼投以華法林後，血液就不容易凝固呢？

這個問題在一九七〇年代後半終於也找到了答案(36)，原來華法林具有干擾部分凝血因子的作用。

所謂凝血因子主要是血液裡的蛋白質，按其被發現的先後次序用羅馬數字編號，有凝血因子Ⅰ、Ⅱ到凝血因子XIII等。藉由這些因子複雜的交互作用，血液得以凝固。華法林阻礙的便是其中的第Ⅱ、Ⅶ、Ⅸ、Ⅹ因子。這些因子的共通點為缺乏維生素K便無法合成。日本的醫學院學生們會用「肉」（ni、ku，同日文數字二、九的發音）和納豆（na、to，同日文數字七、十的發音）來背這些維生素K依賴的凝血因子。巧合的是，肉和納豆的維生素K含量都很高，這樣記方便多了。

維生素K可以透過食物從體外攝取，也可以透過細菌在腸道自行產生。我們的身體在各種酵素（或稱「酶」）的作用下，會將維生素K回收再利用。而華法林干擾的就是與維生素K回收機制有關的酵素，透過這個方法，讓仰賴維生素K的凝血因子不足，進而達到抗凝血的作用。

也因此，有在服用華法林的患者應該盡量少碰富含維生素K的食品。納豆、青汁、綠藻等，維生素K的含量都特別高，吃的時候更要小心。因為維生素K攝取過量，會讓身體製造凝血因子的機制復活，華法林的效果也相對會被減弱。

反過來說，當華法林的作用太強時，透過投予維生素K，就可以把它調整過來。不過，也正因為華法林具有這樣的安全性，才能做成給人吃的藥。

近年來，除了華法林以外，更有效更方便的抗凝血藥陸續被開發出來，也已經在醫療現場派上了用場。尤其是直接阻斷第Xa因子的抗凝血劑——凝血因子Xa抑制劑，以其安全性與便利性廣獲世人愛用。阿哌沙班（Apixaban，商品名：艾必克凝／Eliquis）、利伐沙班（Rivaroxaban，商品名：拜瑞妥／Xarelto），都是年營業額超過一兆日圓的暢銷藥。

這些藥的「抗凝血效果」前所未有地好，對疾病的治療幫助很大。抗凝血藥的先驅華法林，其實是從腐敗的牧草而來，現在還是大家愛用的滅鼠劑，這個事實未免也太有趣了。

超級老鼠的出現

最後，話題再回到老鼠身上。雖說華法林作為滅鼠劑已經被人類使用了很長一段時間，終究還是發生了問題；對華法林有抗藥性的「超級老鼠」出現了。透過基因突變，這些老鼠改變了體內酵素的結構，讓華法林對它們起不了作用，大幅提高了身體代謝華法林的能力（37）。

在持續投藥的情況下，對華法林有感的老鼠被淘汰，獲得適應力的老鼠則存活繁衍了下來，所謂的物競天擇發生了。

因應這樣的情況，人類研發出第二代強效滅鼠抗凝血劑——超級華法林，用來對付發展出抗藥性的老鼠。只是，對這批新藥有抗藥性的老鼠也已經出現，今後「你追我跑」的戲碼恐怕會沒完沒了。

以老鼠為媒介的病原體本來就多，如果哪天這些滅鼠藥突然不靈了，傳染病的蔓延勢必無法阻擋，人類滅亡的危機也將迫在眼前。

跟細菌這類以分鐘為單位進行世代交替的短暫生命體比起來，老鼠的壽命要長得多了。就連這個壽命只有五到十年的哺乳類動物，也正以我們看得到的速度在進化，在適應環境中，真是太叫人驚嘆了。

人生自古誰無死，我們終究也只是地球的過客。任你再怎麼聰明能幹，唯一做不到的就是長生不死。學醫學得越久，越是驚嘆醫學進步之神速，但同時也體會到人類是何等傲慢啊！

第3章

發動革命的外科醫生

這是我見過最美麗的風景，

小小一滴水裡面，蘊藏著無數生命，

如此生意盎然、多姿多彩。

安東尼・范・雷文霍克

(Antonie Van Leeuwenhoek)

(博物學家)

外科治療的起始

癌症與螃蟹

與癌症研究有關的專門學術團體「日本癌學會」的標誌 logo，以星座的巨蟹座和螃蟹的鉗子為主題。此外，位在東京都有明的「癌研」（癌症研究會），其 logo 也是「螃蟹」，癌研有明醫院的吉祥物「蟹蟹子」（カにこちゃん），則是舉著心型鉗子的螃蟹。

為什麼會用「螃蟹」來代表癌症呢？

這就要追溯到西元前四百年了。出生於希臘的「醫學之父」、奠定西方醫學基礎的醫生希波克拉底，把癌症（惡性腫瘤）取名為「karkinos」，也就是希臘語螃蟹的意思。乳癌會侵蝕乳房，在皮膚底下蔓延，它和周圍血管組成的形狀就像螃蟹一樣，故得其名。

癌症，是兩百多種惡性腫瘤的統稱，身體的每個地方都有可能長癌。但古人講到「癌症」，通常指的都是乳癌。一直到十八世紀為止，在這麼長的時間裡，乳癌始終是「最常發生的癌症」。

當然，今時今日，乳癌仍是女性罹患人數第一名的癌症。不過，大腸癌、胃癌、肺癌、前列腺癌這些癌症的罹患人數也不遑多讓。為什麼漫長的醫學史上就只有關於乳癌的紀錄？希波克拉底也只注意到乳癌呢？

關於這點，最大的理由便在於：乳房是身體表面的癌症。十九世紀以前並沒有全身麻醉的技術，在那個年代要治療身體裡面的疾病幾乎是不可能的。而乳癌會顯現在身體表面，也就最容易被發現了。

希波克拉底

歷史上，首次的全身麻醉發生在江戶時代末期的一八〇四年。當時紀州藩的醫師華岡青洲調配出全世界首次合成、名叫「通仙散」的麻醉藥，為上百名患者施行全身麻醉手術。事實上，這些患者得的都是乳癌。

全身麻醉不只對癌症的治療有幫助。

發生在肚子裡面、最常見的一種疾病叫「闌尾炎」。「闌尾」位在盲腸的下

華岡青洲

面，因感染而發炎，所以叫闌尾炎。以前常把闌尾誤認為「盲腸」，但盲腸其實是大腸的一部分，跟闌尾完全是兩個不同的器官。一般處理闌尾炎的標準流程就是動手術將闌尾切除。

其實，以前大家根本就不知道闌尾的存在，不解肚子為何會痛得要死。一直到十八世紀之後，人們才知道闌尾發炎是怎麼一回事。

一個是身體表面的病，一個是身體裡面的病。不管是乳癌還是闌尾炎，我們現在都不陌生，只是這中間竟然隔了兩千多年，未免也太漫長了。

回顧醫學的發展史，我們會發現外科醫生們開始往體內探索是很近代的事。既然叫做外科，負責的當然是人體「外面」的治療。

翻開人類醫學發展史，身體表面確實是最需要外科治療的地方，不管哪個朝代都一樣。因為不光是人類，所有動物都免不了「受傷」，是吧？

在頭蓋骨上打洞

史前時代，說到外科治療，大多是指外傷的醫治。人類只要活著，就免不了受到外傷。正如前面反覆強調的，人類也只不過是自然物質所組成的有機體，脆弱得令人驚訝。

跌倒、從高處墜落，遭受其他動物攻擊。人類經常受傷，也就不斷地需要外科治療。骨折的手臂用夾板固定住，皮膚表面的傷口敷上樹葉等等，從史前時代就有各種醫治外傷的方法。

西元前一七〇〇年代制定的《漢摩拉比法典》，明文規定手術的報酬，以及失敗的罰則，可見當時已經有把膿包切開之類的外科治療。發明於西元前一六〇〇年左右的古埃及莎草紙上，也刊載了遇到骨折、脫臼、腫瘤等病例時，醫生如何進行外科醫治，可謂最古老的外科學教科書。

此外，全球各地陸續挖掘出被人為鑿穿、少了一片骨頭的頭蓋骨。為什麼要在頭蓋骨上打洞？目前已無從查考。有個說法是為了把邪靈驅趕出去，畢竟那是個相信生病是因為被惡魔附身或受到詛咒的時代。還有一個說法，認為是因為頭部外傷，導致頭蓋骨內出血，打個洞是為了把血釋放出去以減壓，是合理的處置方式。總之，「頭部穿孔術」在古代是非常盛行的外科醫療手術。

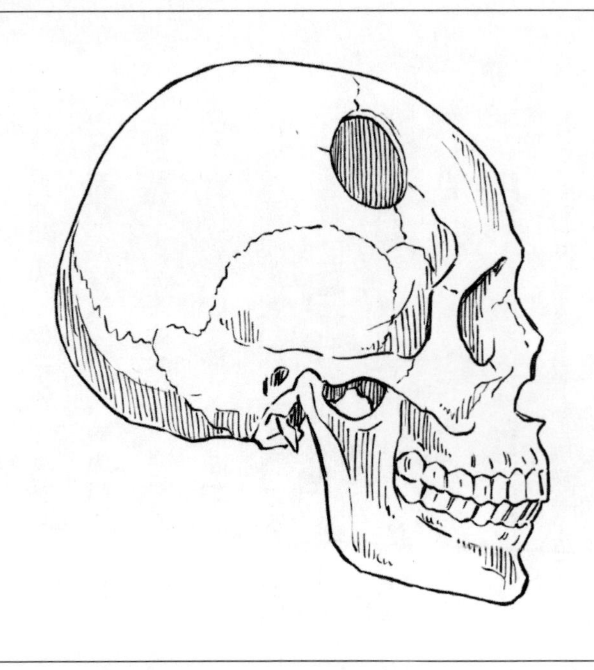

頭部穿孔術

是的，外科治療的歷史非常悠久。我們現在聽到「外科」，腦海裡會浮現用手術刀把身體切開，把病灶拿出來的畫面。只是，這種程度的外科治療真要普及開來，是十九世紀以後的事。

這都要感謝十九世紀到二十世紀普遍施行的兩項革命性技術：「消毒」與「麻醉」。在它們還沒出現的十八世紀以前，外科治療根本就不成熟。不僅如此，人類對疾病的理解與現實之間，存在著很大的落差，這也是外科治療停滯不前的理由。

那麼，過去的人類是怎樣解讀疾病的呢？

放血與莫札特

醫學雜誌《刺胳針》創刊於一八二八年，距今已有近兩百年的歷史。它不僅是世界知名的五大醫學雜誌之一，在醫學界也是頗具權威的雜誌。事實上，創辦《刺胳針》的英國人湯瑪斯・威克利（Thomas Wakley），正是一名外科醫生。

「刺胳針」原本指的是手術用的小刀，醫生們曾經得隨身攜帶著這把小刀，去患者的病床前，把他的靜脈血管切開，讓裡面的血流出來，進行所謂的「放血」治療。

放血一直到十九世紀都很盛行，人們相信它可以治療一切疾病。不管什麼病，先放血再說，在以前是標準的治療流程。

為什麼會這樣呢？這就要說到它的中心思想「四體液學說」了。

古希臘的「醫學之父」希波克拉底，以及古羅馬時代的「醫師領袖」蓋倫（拉丁語：Claudius Galenus，也被稱為「佩加蒙的蓋倫」（Galen of Pergamon））主張，人之所以生病，是「體液不平衡」所造成的。蓋倫把人類的體液分成血液、黃膽汁、黑膽汁、黏液共四種。平時它們處於一個平衡的狀態，一旦平衡遭到破壞，人就會生病。如今我們回頭看，會覺得這個說法純屬荒謬無稽之談。但是，在蓋倫提出的近兩千年以來，人們卻深信不疑。

透過放血，讓多餘的血液排放出去，是對「體液失衡」的校正。這樣的思維，就四體液學說的立論基礎而言，是非常「合理的」。因此，順著這個思維延伸出去，女性的月經，是身體定期進行體液調整之自然機制；傷口滲出的組織液、膿包流出的膿水，也代表身體正在排放多餘的體液。

十八世紀末，美國第一任總統喬治．華盛頓（George Washington）因為嚴重的上呼吸道感染症（重感冒），前後被他的主治醫師放了二．五公升的血。當然，這樣做一點效果也沒有，放完血後沒多久，華盛頓就去世了。

同樣也是在十八世紀末，作曲家莫札特病倒了，死前他的醫師們給他放了近兩公升的血（1．2）。

病人狀況已經很不好了，還給他放血？從現在看來，是很不可思議的行為，因為除了加速死亡外，對病情一點幫助也沒有。然而，在不了解人體機制，也不知道疾病是怎麼來的情況下，當時的人們會堅信放血的效果，也是無可奈何的事。

第一位讓疾病與臟器產生連結的醫生

試著想像一下，你突然肚子很痛……

你是不是會摸著痛的地方，心想「應該是這裡的某個器官出了問題」？這種解讀疾病的方式，我們現在做起來很自然，但它其實是很新穎的做法。因為這種從特定臟器去找生病原因的普世常識，是在十九世紀以後才建立的。

在那個主流思想為「生病是因為體液失衡所造成」的時代，萌生「生病可能是哪個器官出了問題」想法的人，簡直就是把人體比喻成零件故障的機器，這也太荒謬了。

健不健康取決於四種體液是否平衡的人體，充滿了未知與神祕，哪是像機器那樣簡單就可以修理好的？當時的人肯定會這樣反駁我們。現代人解讀疾病的方式，早已超出他們的想像。

如今的外科治療，所謂「將特定病灶從人身上切除」的治病方法，在那個時代並不成熟。不過，從十八世紀後半到十九世紀初期，尋找病因的方式開始有了改變，這都要歸功於病理解剖的普及。

最早的病理解剖，是在病人死後進行解剖，是一個徹底檢查屍體的醫療程序。透過屍體解剖，觀察臟器出現的變化，並找出它與生前疾病的關聯性。就查明死因與判斷治療是否適當的目的來說，病理解剖至今仍是外科醫療非常重要的工具。

病理解剖的普及，革新了人們對疾病的看法，促成了外科醫療的典範轉移。發起這場革命的創始人，是被譽為「近代病理解剖學之父」的喬瓦尼·巴蒂斯塔·莫爾加尼（Giovanni Battista Morgagni）。

莫爾加尼花了六十幾年的時間，完成了七百多個解剖案例。一七六一年，他集結畢生研究的成果，發表重要著作《疾病的位置與病因》（*De Sedibus et Causis Morborum per Anatomen Indagatis*）。書中首次有系統地記載了許多疾病的器官病理變化，認為每一種疾病都與一定的器官損害有關，有其獨特的病變部位。「生病是因為特定器官產生了變異」，這在當時是非常新潮的想法。

莫爾加尼

當然，莫爾加尼依然在蓋倫四體液學說的框架下，闡述他的觀察結果。不過，一旦他開了風氣之先，讓病理解剖普及化，那麼，不僅在人死後，在生前就可以找出「生病的位置」加以治療的觀念，勢必會發展開來。是的，外科治療就是經歷了這樣的典範轉移才有了今日的樣貌。

感染與截肢

「化膿」的真相

我們現代人非常清楚「傷口化膿」是怎麼一回事。「化膿」是細菌侵入傷口，在裡面繁殖所引起的發炎現象，告訴你：你被細菌感染了。從傷口流出的白色膿汁，是由血液的成分——血清、與細菌作戰的白血球，以及死掉的細菌組成的。

現代的醫生為了不讓類似感染發生，會仔細地清潔傷口，必要時還會投以抗生素之類的東西。如果傷口過大需要縫合，事前也一定會做好消毒，確保在乾淨的環境下進行縫合。反正，現代人都知道要避免「傷口跑進細菌，感染化膿」的狀況發生。

但是，這個知識在人類的發展史上其實是很新的。畢竟，「地球上存在著我們肉眼看不到的微生物」這樣的事實，人類在十七世紀以前根本就不知道。對以前的人來說，「肉眼看不到的生物進入身體裡面，引發疾病」的說法，簡直是異想天開、癡人說夢。

十九世紀後半，德國醫師柯霍發現炭疽病、結核病、霍亂的起因是細菌，向世人揭露「細菌是致病之源」的事實。

柯霍以後，人們發現原來之前奪走那麼多條人命的恐怖瘟疫，都是不同的微生物造成的，微生物才是始作俑者的衝擊事實，一一被揭發了出來。柯霍更因為這偉大的發現，於一九〇五年獲得諾貝爾生理醫學獎。

令人驚訝的是，這也不過是一百多年前的事。

人類史就是與傳染病抗爭的歷史。只是，我們一直到最近才知道「對手」是誰，自己面對的是怎樣的敵人。

髒空氣

曾經缺乏感染知識的人類，以非常奇怪的方式去理解流傳在人與人之間的疾病。例如，直到十八世紀，大家都還深信不疑的「瘴氣說」，認為傳染病的起因是被稱為「瘴氣」的有毒空氣。瘧疾（Malaria）也是一種傳染病，它的語源是義大利語的「髒空氣」（mal aria），這便是瘴氣說遺留下來的證明。

「傷口化膿」的現象，也沒有得到正確的理解。人們堅信化膿是傷口癒合必經的一個過程。傷口化膿，流出白色汁液，被視為病情好轉的跡象，甚至是受歡迎的（英文稱之為「laudable pus」，意指「值得讚揚的膿」），完全有別於現代人的認知。

故意用不乾淨的藥膏，也不包紮傷口，就讓它曝露在外，有時醫生會選擇這麼做，為的是讓傷口能趕快化膿。一番操作下來，膿是出來了，但感染也擴散到了全身，很多傷者因此丟了性命。不過，這中間還是有極少數人能度過危機，靠著自身的修復能力倖存下來。在那個不知細菌為何物的年代，自然不會有消毒的觀念，也不可能發展出抗生素那麼好用的藥。全身流膿卻還活下來的人，都是「歷經化膿過程而痊癒的人」，可見膿是痊癒過程中的自然產物，傷口要好一定要先讓它化膿，會產生這麼錯誤的認知也是無可厚非的事。

傷口受到感染，後來自己好了，或是傷口惡化，就此一命嗚呼。以前的外科醫生當然不可能袖手旁觀，把一切交給命運。他們會自信權威、面色凝重地向患者解釋，接下來要怎麼做才能避免全身感染。

也就是進行所謂的截肢「治療」。

被砍斷的無數手腳

人類自古以來就是爭戰不斷，互相攻伐傷害。在那個沒有抗生素的年代，打仗受了重傷，幾乎都會因感染而死亡。為了避免感染擴大，戰場上最常使用的方法，就是直接把傷肢截斷。

在那個沒有麻醉的年代，醫生在截斷部位上方紮綁繩子、澆淋冷水，做好這些前置作業後，就直接拿起專門的器具把患者的手腳砍下來。

綁繩子、澆冷水之類的方法，當然不可能緩解疼痛。患者痛得死去活來，必須有好幾個助手壓住才能進行手術。所以，後來才研發出可以把患者全身固定住的附鐵輪手術台。

隨著四肢截斷術越來越普及，根據現場需求，各種截肢工具陸續被開發出來。就手術順序來說，首先要用大刀把皮膚、脂肪、肌肉整個切開，然後再用鋸子用力把骨頭砍斷。類似的截肢手術自古就已經很盛行了。

隨著技術的進步，戰爭用兵器的殺傷力越來越強，人類所受的傷（皮肉傷）也更加嚴重且複雜，治療變得極其困難。

尤其從十五世紀以後，前所未有的創傷急速增加，它便是槍傷。

從火繩槍射出的大顆彈丸，貫穿皮膚，嵌入體內，形成很大的傷口。受到細菌污染的彈丸

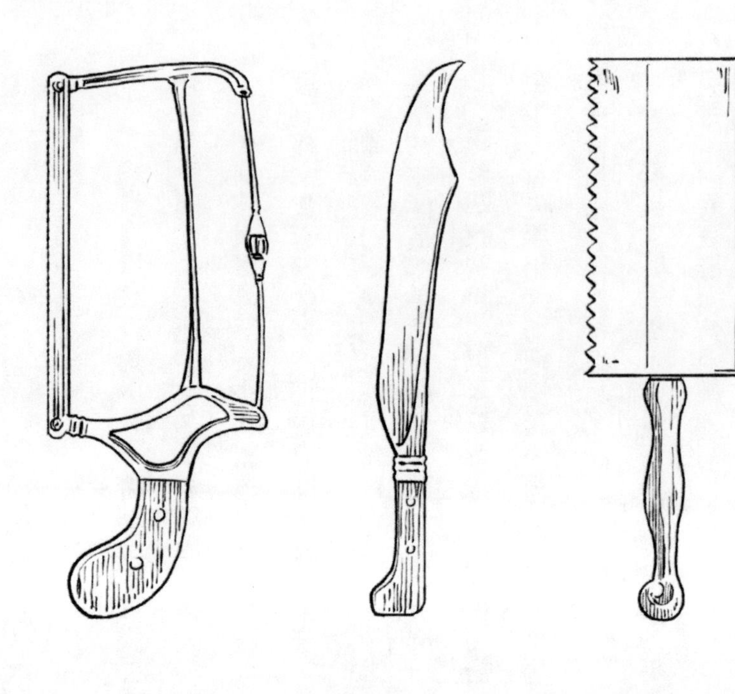

各種截肢器具

深深埋進身體裡面，一旦感染就會引發致命的重症，這是我們現在都知道的事，然而，當時普遍缺乏感染的知識，人們都以為是「火藥有毒，才會那麼嚴重」。

火藥把毒帶進身體裡面，人因此中毒了，必須「解毒」才行。這時外科醫生的做法是朝傷口上澆淋熱油，進行所謂的「燒灼」治療。

的確，這個方法可以把傷口表面的細菌燒死。此外，形成血管壁的蛋白質也會產生變性而凝固，血因此止住了。對預防感染和止血都有幫助，可謂「一石二鳥」的好方法。

不過，在沒有麻醉的情況下，這樣的燒灼治療帶給患者莫大的痛苦。

有些人甚至痛到昏倒，暈死過去。就現代的水準來說，這樣的治療是難以想像的，但在古代卻是理所當然的方法，因為大家都這樣做。

外科醫生與理髮師

過去在西歐諸國，從中世紀起很長的一段時間，不只是外科醫生，理髮師也會替人動手術，這是很普遍的現象。當時的理髮師工作範圍很廣，不只要修剪頭髮，還會進行一些體表的小手術，比如說割疣之類的。此外，燒灼傷口、放血，理髮師都會做。打仗的時候，從軍的外科理髮師也很多。

活躍於十六世紀的法國外科醫師安布魯瓦茲．帕雷（Ambroise Paré），被譽為「近代外科學之父」，在醫學史上是赫赫有名的外科醫生。他也是本業為理髮師，後來研習醫學的外科理髮師。

戰時加入軍隊，成為軍醫的帕雷，在一五三七年有了重大的發現。當初他也跟其他外科醫生一樣，在火藥所致的傷口上，以沸騰的熱油進行燒灼治療。不過，受傷的士兵太多了，熱油很快就用完了。無油可用的他，實在沒有辦法，只好用蛋黃做的軟膏塗抹在患者的傷口上。

根據當時的常識，這樣做純粹只是安慰，患者肯定會中「火藥之毒」而死去。那天晚上，

帕雷

帕雷擔心到睡不著覺，隔天一早他馬上跑去察看患者的傷勢，卻被眼前的景象嚇了一跳。患者的傷口不但沒有惡化，還消腫了，也沒那麼痛了！

五百多年後的今天，我們回頭看，就會知道帕雷當時的處置是對的。在傷口上塗敷軟膏，保持皮膚表面的濕潤，是現代醫學也推薦的治療方法。

關於傷口的治療，帕雷還研發出一套新的手法，就是用縫線把血管綁起來的「結紮止血法」。

進行截肢手術的時候，從斷面會噴出大量鮮血，必須及時止住，否則傷患在幾分鐘內就會死掉。當時標準的止血方法是燒灼法（又稱火燎法），用燒紅的烙鐵「滋」地一下把傷口燙熟。在沒有麻醉的情況下，硬生生地把胳膊和腿咔嚓掉，已經夠痛苦了，現在又用燒紅的烙鐵燒燙斷面，這樣的處置實在是慘絕人寰。

帕雷心想，能不能不用烙鐵，而是用縫線結紮的方法來止血？用縫線把被切斷的血管綁緊，封死血管口，讓血不再湧出。你可能覺得這沒什麼，但在當時可是劃時代的治療法。

事實上，血管結紮仍是現行外科治療的基礎，是外科醫生必備的基本功夫。手術中，要切斷血管前，必須先用線把血管綁起來。手術到一半，不小心傷到大血管，也是先結紮後再進行縫合以止血。現代的醫療現場在在證明了帕雷的慧眼獨具、勇於創新。他被尊稱為「近代外科學之父」，不是沒有道理的。

帕雷寫了很多本外科用書，內容十分豐富，涵蓋各種外科學知識。他寫書所用的文字不是當時學院派喜歡用的拉丁語，而是大家平常講話用的親切法語。這讓沒有拉丁語素養的外科理髮師們也能藉由閱讀，吸取帕雷的教導與經驗，助益頗大。

帕雷曾經被看不起外科理髮師的醫界人士排擠，但漸漸地，他的聲望越來越高，後來法國國王更任命他為隨侍醫生，他的地位也就此確立。

高超的手術技巧與世上最早的救護車

慘絕人寰的手術地獄

過去，動手術意味著要承受極端的痛苦，痛得死去活來是理所當然的事。畢竟，全身麻醉技術被開發出來、普及全世界，是二十世紀以後的事。

不會痛的手術？在那個年代根本連想都不敢想。人們只能要求外科醫生「手腳快一點」，盡可能減少受苦的時間，這就已經謝天謝地、阿彌陀佛了。

過去歐洲很多人得了膀胱結石。就如它的名字，膀胱結石指的是膀胱裡面有小石子，造成小便疼痛或血尿的泌尿系統疾病，是尿道結石的一種。當時衛生條件惡劣，尿道容易受到感染，加上貧窮，水分攝取不足，都是膀胱容易產生結石的原因。

要把石頭取出來，必須在下腹部劃一刀，把膀胱切開才行。在無麻醉的情況下，這是會痛死人的恐怖手術。做手術

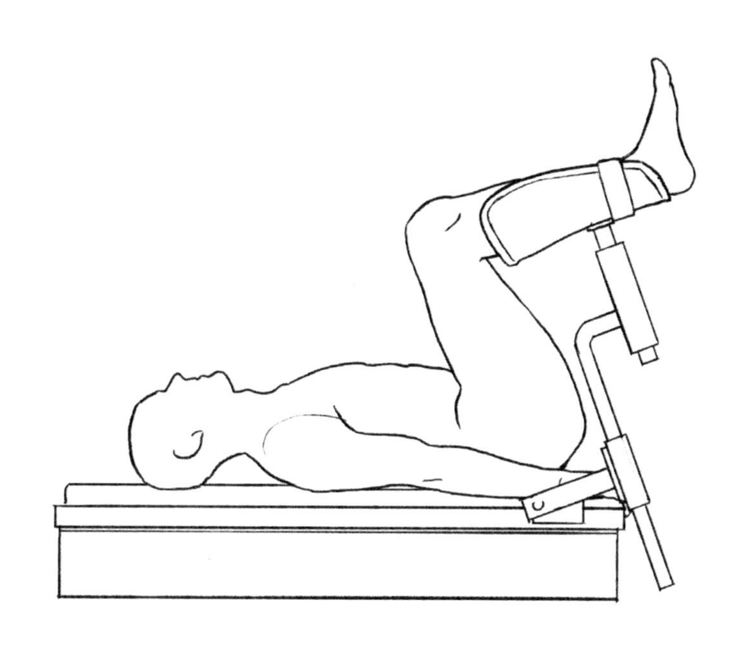

截石位

的時候，患者必須仰躺在手術台上，把腿抬高，並且盡可能張開。

這個手術取位的方式稱為「截石位」（lithotomy position）。現代在進行直腸、子宮、膀胱等骨盆內的臟器手術時仍會用到它，是常見的手術體位。聽起來有點怪的名字，其實是膀胱結石手術盛行時代遺留的證明。

十八世紀最有名的外科醫生當屬英國的威廉．切斯爾登（William Cheselden），他最大的本事就是做膀胱結石手術。據說其他人要花一個小時才能完成的結石去除術，他一分鐘之內就搞定了。

因為動作快，所以出血量少，據說當時這個手術的死亡率高達四〇～五〇%，他成功把死亡率降到一〇%以下，也難怪他會這麼有名了(3)。切斯爾登的技術又快又好，速度與品質兼備。

即使是現在一定會進行全身麻醉，不讓患者感受到痛苦，可以慢慢做的情況下，厲害外科醫生的速度仍是數一數二地快。不僅是手指靈活而已，還必須精準算好達到目的所需的步驟，沒有多餘的動作，才能把時間精省到最短。

手術的「速度」，依靠的不只是手的靈巧度，聰明的腦袋、周全的準備與計畫、隨機應變的能力，以及對人體構造的深入了解，這些必須都具備了，才能完成又快又好的手術。

可以多快把手腳砍下來？

當然，把手腳砍下來的截肢術，也非常重視手術的速度。「可以多快把手腳切下來？」看的是外科醫生的技術。

其中以技術好而聞名的，當屬活躍於十八世紀末到十九世紀初的法國軍醫多明尼克．讓．拉雷（Dominique-Jean Larrey）。他在戰場上的二十四小時之內，超人似地做了兩百例截肢手術，深獲拿破崙的信賴。

當然，讓拉雷留名青史的理由，不只是他的速度。他是史上第一位不論階級或國籍，而以患者的「傷病嚴重程度」來決定是否治療以及優先處理順序的外科醫生。他所創設的「檢傷分類」（triage，又稱分診），至今仍是災難醫療遵循的方針。

法語的「triage」是「篩選」的意思。日本在經過阪神・淡路大地震之後，這個名詞已廣為人知。當災害發生，導致大批傷者出現時，醫護人員首先要做的是篩選出有希望救活且傷勢較為嚴重的患者，第一時間予以救治。反過來說，「已經沒救的患者」或是「傷勢輕微的人」就可以先放一下，不需要優先處置。

現在經常使用不同顏色的標籤，來區別患者的傷病嚴重程度及優先處理順序。像日本的檢傷分類系統，紅色代表有致命傷，但有望存活，需要最優先處理；黃色的嚴重程度次於紅色；不會致命，但也需要緊急處理；綠色則是輕傷，無須救護車；黑色則是已經死亡或存活無望，就先不醫治了。

富士電視台製播的電視劇《空中急診英雄》（日語：コード・ブルー ドクターヘリ緊急救命），以及TBS電視台的《TOKYO MER～行動急診室～》（日語：TOKYO MER～走る緊急救命室～）等，都是在災害現場搶救傷患的急救醫療劇，劇中檢傷分類標籤經常出現，應該不少人有印象。

大批傷員同時出現的災害現場，如何應用有限的資源，救活更多人，是最重要的事。拉雷在兩百多年前的戰場發明了這套制度，包括敵軍士兵在內，拯救了無數生命。

世界最早的救護車

世上最早的救護車

拉雷在戰場上最常遇到的頭痛問題，是醫療團隊必須在後方待命。戰場上一片混亂，除了坐等負傷的士兵被運送回來，他們什麼也不能做。急救是跟時間賽跑，治療時間延誤，意味著許多士兵將因此失去性命。

要如何解決這個問題？拉雷想到一個創新的方法：使用專門的搬運車，從前線陸續把士兵運送回來，這樣就可以縮短等待治療的時間，提高傷員的存活率。

為了讓負傷者被搬運時能夠比較舒適，拉雷特地研發了加裝堅固軟墊和擔架的兩輪式馬車，方便在戰場上快速移動。

它就是史上第一輛具有實質意義的救護車。

這種被稱為「飛行救護車」的輕型馬車，之後便被廣泛運用於法國的戰場上。

要怎麼搬運有望救活的傷患？怎樣才能盡快展開治療？面對這樣的難題，身在戰場的外科醫生拉雷絞盡腦汁，全力以赴。他所擬定的完美「戰術」，為當前的緊急醫療救護打下堅實的基礎。拉雷被譽為「救護服務之父」，名垂青史，不是沒有道理的。

每年的七月八日是國際救護人員日（International Paramedics Day），是屬於醫療救護專業人員的日子，而這一天正是拉雷的生日。

杜立德醫生的角色原型

恐怖的好奇心

威廉・切斯爾登的學生，英國外科醫師約翰・亨特（John Hunter），據說是兒童文學《杜立德醫生》（*Doctor Dolittle*）系列作品的主人翁約翰・杜立德（John Dolittle）的角色原型。

英國兒童文學《杜立德醫生》系列作品的主角約翰・杜立德，是醫術高明的醫生，同時也是博物學家。杜立德的宅邸有一座很大的院子，裡面養了很多動物。

童話故事中的杜立德宅邸，其實跟亨特的住所一模一樣。亨特位於鄉下的家也蓋了很大的院子，裡面養了無數的動物，有斑馬、山羊、獅子、豹等等。

亨特從小就對生物特別感興趣，一生中製作了無數的標本，全收藏在自己家裡。據說這些標本的數量多達一萬四千多件，有珍奇的動物、植物、昆蟲，甚至人類的骨骼。如今在倫敦的亨特博物館（Hunterian Museum），這些標本仍對外公開展示。

亨特在其恐怖好奇心的驅使下，對無數生物進行了解剖。在詳細觀察這些生物的構造後，他發現一個非常有趣的事實，這是當時任何人都不曾有的前衛思想。

生物彼此之間，似乎也不是完全不同，許多物種的構造都頗為類似。比較過生物的構造後，你會發現牠們有的關係近，有的關係遠。比方說鯨魚好了，鯨魚像魚一樣在海裡游泳，但它的臟器構造卻和魚的相差甚遠。所以說，鯨魚和陸生動物的關係比較近，是它們的遠親嗎？不，搞不好所有生物的祖先是同一個，大家的源頭都一樣？

亨特

在那個相信所有動物都是登上諾亞方舟才被創造出來的時代，亨特透過觀察與實驗，距離發現「生物進化」的真相，就只差那麼一步。話說達爾文的著作《物種起源》，向世人提出進化論，是在亨特過世的六十多年以後。

比起宗教的教義，他更相信眼睛看到的，用實事求是的「科學精神」去研究活著的生物，而他最感興趣的還是人體。

破天荒的屍體解剖

亨特拜在切斯爾登等知名外科醫生的門下，努力學習技術。一七六一年，他前往戰場，成為一名軍醫。一七六八年後，則在聖喬治醫院擔任外科醫生。然而，他對人體的好奇心，遠遠大於一般的外科醫生。

透過人體解剖，可以仔細觀察人體的構造。他相信，唯有透過實驗，才能獲得正確的知識。不過，跟動物還有昆蟲不一樣，要解剖人體沒那麼簡單，畢竟，總不能為了滿足好奇心去殺人吧？

亨特對人體解剖抱持著異於常人的狂熱，他比誰都想要得到更多的屍體。當然，渴望解剖學知識的不只亨特一人。當時，許多外科醫生和解剖學者爭相前往墓園或墳場，努力地蒐集作為教材的屍體。

對解剖學充滿熱情的亨特，為了讓蒐集屍體的工作變得更有效率，自掏腰包雇用了專門盜墓的掘屍人，從他們手裡買來了屍體。雖然屍體買賣的生意後來在英國和美國衍生出社會問題，但亨特終究取得許多屍體，這讓他的解剖學見識突飛猛進，高出了旁人許多。

亨特除了喜歡珍稀動物的屍體，也喜歡稀有人類的屍體。比方說，當時號稱世界第一巨人、身高兩百四十公分的愛爾蘭男性查爾斯・拜恩（Charles Byrne），亨特就超想擁有他的身體。事實上，拜恩是罹患了巨人症（肢端肥大症），幼年時生長激素分泌過剩，才會長得如此高大。當然，當時缺乏關於這類疾病的醫學常識，拜恩以他驚人的身高在馬戲團表演，出席倫敦社交圈，是紅極一時的人物。

怎樣才能得到拜恩那稀罕的人體呢？亨特事前做的準備與調查，只能用瘋狂兩字來形容。為了早其他學者一步把屍體搶到手，他在拜恩死期將至的前幾天，就雇人二十四小時盯著他。一七八三年，二十二歲的拜恩一嚥氣，亨特馬上花巨資從入殮師手裡把屍體買下，製成漂亮的骨骼標本。

順道一提，一直到現在，拜恩的骨骼標本都是亨特博物館的人氣展示品，卻在二〇二三年的一月宣布要停止展示了。因為陸續有人指出應該要尊重死者生前的遺願（海葬），而不是把他擺在博物館供人參觀。更何況，亨特取得屍體的方式確實違反道德，這些問題到現在都受到了非議。

亨特超出常軌的探究心，也擴及到性傳染病上頭。為了調查淋病的感染途徑，他把淋病患者的膿液注入自己的陰莖裡，藉此證明淋病就是這樣傳染的。除此之外，他還收集了很多與性傳染病有關的知識，在一七八六年出版了一本《性病論》。

亨特發表了許多著作與論文，在醫界的地位很高。對他而言，人體就跟化學或物理的世界是一樣的，必須透過徹底的觀察與實驗，才能獲得科學上的真正理解。

亨特的想法在當時被視為異端，對大多數人而言，人體是「神祕的創造物」，只能透過先聖先賢留下的文獻來進行研究與學習。亨特死後，以「科學的外科之父」稱號名垂青史。

一七七二年，亨特在自己家裡講授解剖學，培育了許多弟子。其中一人就是發明了史上第一支疫苗（預防天花的牛痘疫苗），被後世譽為「免疫學之父」的愛德華．詹納（Edward Jenner）。

亨特的婦產科醫生哥哥威廉

約翰．亨特的兄長威廉．亨特（William Hunter），是婦產科響叮噹的人物。尤其是他一七七四年出版的《人類妊娠子宮的解剖學圖解》更是無人不知、無人不曉。

書裡面刊載著多張精美的插圖，描繪的是胎兒在孕婦子宮裡成長的情形。這些精緻的插畫美得就像照片一樣，到底是怎麼做到的？

當然，那個時候沒有X光、核磁共振、超音波等檢查機器。透視人體的技術？人們連想都不敢想。事實上，這全靠弟弟亨特在背後相助，他負責把懷孕中途死亡的孕婦屍體一一收集起來，交給哥哥進行解剖與研究。要把懷孕各個階段的孕婦屍體全部收集起來，這樣的任務，也只有身為狂熱份子的弟弟與他所建立的屍體蒐集網辦得到了。

胎兒在母體裡面產生怎樣的變化？任誰都無法了解的事實，被亨特兄弟給破解了。雖然他們的行為很瘋狂，甚至可以說是喪心病狂，卻也因此促進了醫學的進步，為醫學奠定了科學的基礎。

受封男爵的外科醫生

「發酵」與「腐敗」的不同

麵包、葡萄酒、味噌等等，都是經由穀物或水果發酵製成的發酵食品。如今我們已經知道，所謂的「發酵」，是在細菌或真菌等微生物的作用下所產生的過程。

相反地，食物若是放一陣子，沒有保存好，就會腐壞、變味、發出惡臭，無法食用。這個「腐敗」的過程，也是微生物的作用所導致的。

發酵也好，腐敗也罷，都是微生物為了活下去，去分解周圍的有機物，進而獲得能量的一種方法。經微生物分解後所產生的結果，對人類有益的叫「發酵」，有害的叫「腐敗」。說穿了，它們只不過是我們肉眼看不到的微小生物所進行的生命活動罷了。

發酵或腐敗的現象，古人很早就發現了，不過，它們的出現是因為微生物作用的事實，人類卻要過了很久才知道。

一直到十九世紀中葉，法國化學家、「細菌學之父」路易・巴斯德才破解了這個祕密。

巴斯德把關於細菌的研究成果，以論文的形式發表在法國的科學期刊上，震驚了無數的科學家。不過，這篇論文竟跨越海洋，在意外的地方被徹底活用，那就是外科的醫療現場。

沒完沒了的傷口感染

以截肢手術或乳癌手術為主，當時的外科醫生仍停留在治療身體表面疾病的階段。然而，即使手術是成功的，多數患者也總是出現傷口感染，醫生只能眼睜睜地看著病人因為感染而失去性命。

傷口感染，是因為皮膚表面的葡萄球菌或鏈球菌等微生物跑進傷口裡面，在裡面繁殖、活動。一旦細菌擴散到全身，便會引發敗血症，危及患者的性命。然而，當時完全缺乏這方面的知識，即使傷口化膿，引發嚴重感染，都只被視為原因不明的自然現象。

根據一八六七年的報告，哈佛大學的附屬醫院麻省總醫院（Massachusetts General Hospital）的截肢手術死亡率是二六%，其中大半是因為術後的傷口感染（4）。

英國格拉斯哥大學（University of Glasgow）的外科醫師約瑟夫・李斯特，思忖著要怎樣才能避免術後的傷口感染。他反覆研讀巴斯德的論文，突然興起一個破天荒的想法。

患者傷口的壞疽，跟食物發酵或腐敗的現象十分相似。如果是因為微小生物附著在傷口上，在上面繁殖活動引發了傷口感染，那麼，把這些微生物殺死，不就可以預防感染了嗎？只是，要用什麼才能把微生物殺死呢？這時，石碳酸引起了李斯特的注意。他發現附近城鎮會拿石碳酸當除臭劑，來消除垃圾或下水道的臭味。臭味是細菌引起的，石碳酸可以消除腐敗的臭味，這不就意味著它可以殺菌嗎？

一八六五年八月，遭馬車輾斷腿、有開放性骨折的十一歲少年，被送進了格拉斯哥皇家醫院。為了驗證自己的假設，李斯特用浸泡石碳酸的藥布敷在少年的患部。這可是骨頭曝露在外的開放性骨折，一旦沒有處理好，有很大機率會發展成全身感染的危險重症。按照當時的常識，這肯定是要截肢的。然而，令人驚訝的是，經過李斯特這樣照護了六個禮拜後，少年的傷口完全沒有感染，後來還活蹦亂跳地出院了。

李斯特的理念被徹底執行。在那之後，不僅是傷口本身，會碰觸到傷口的手術器具、外科醫生的手等等，凡是患者周遭的環境都要進行徹底消毒。為了殺死手術室裡的懸浮微生物，甚至研發出噴霧器，在手術室裡噴灑石碳酸溶液（後來發現這個做法反而對人體有害，便中止了）。

一八七〇年，李斯特在醫學雜誌《刺胳針》發表的研究成果，叫人嘆為觀止。比較消毒前後的手術死亡率，從原本的四五・七％降到了一五・〇％，只剩三分之一（4）！

在現代的醫療現場，不消毒就進行手術，是不可能的事。手術前，在預計被切開的皮膚表面塗滿消毒液，是最基本的常識。透過這個方法，能殺死皮膚的常在細菌，預防感染。

一八九七年上市的手術用消毒藥水「李施德霖」（Listerine），就是以李斯特的名字來命名的。今日它變成我們熟悉的漱口水，行銷全球五十個國家以上。

還有，引發食物中毒的細菌——李斯特菌（Listeria monocytogenes）的命名，也是為了紀念李斯特留給後人對抗細菌手段的偉大貢獻。

消毒觀念的建立者李斯特，在一八九七年成為首位被授予男爵封號的外科醫生，流芳百世，永受世人推崇。

「清潔」與南丁格爾

醫院曾經髒亂不堪

身為現代人的我們提到「手術」時，腦中會浮現怎樣的畫面呢？

應該是乾淨的房間，醫護人員身穿用完就丟的一次性手術衣、口罩、帽子、手套，手裡拿著確實消毒過的器具。沒錯，不管是誰都會很自然地想到「清潔」這兩個字吧？

然而，「清潔」這個概念其實是很現代的東西。至少在十八世紀以前，外科醫生還是什麼準備都沒有地直接動手術，口罩、帽子也不戴，器具更是「反覆使用」。過去，歐洲外科醫生動手術時最常穿的是黑袍，上面濺滿了病人的鮮血，厚厚一層，都硬掉了。

在我們現代人看來，這是何等「骯髒」的場面啊？替病人動手術的外科醫生，自己也有被感染的風險，真是太沒有警覺心了。

不光是手術室，整間醫院都是藏污納垢、雜亂不堪。床單、窗簾、衣服污損嚴重，窄小的病床上躺著好幾名病患，更是常見的光景。在這麼不衛生的環境下，傳染病會擴散，是理所當然的事。不過，當時人們並不知道感染因何而起、致病原是什麼，自然也就不認識「清潔」的好處了。

在那樣的時代，出現了一位把「清潔」導入醫療現場的人物。她提出劃時代的想法，主張「必須確保患者周遭環境的清潔與衛生」。她就是英國籍的護理師，佛蘿倫絲·南丁格爾（Florence Nightingale）。

南丁格爾

南丁格爾指出：要救治病人，必須有衛生的環境。她的著作《護理札記》（*Notes On Nursing*），歷經近兩百年，至今仍是護理教育的聖經，是最偉大的護理教科書。在這本書裡面，不斷強調「環境整潔」的重要。

「所謂護理，須結合新鮮的空氣、充足的陽光、溫暖、清潔與適度的安靜，選擇並提供合適的食物給病人，盡可能在不減少、犧牲病人生命力的情況下進行。」

今日我們在醫療院所理所當然享受到的這些待遇與環境，在當時可是革命性的創新。為了讓病人的護理能順利執行，南丁格爾甚至更改了醫院的設計。她重新鋪設建築內部的管線，讓每個樓層都能方便取用熱水；更設置了升降梯，讓配膳的工作變得更有效率等等，不斷提出別出心裁的想法。

每間病房都設有呼叫鈴，必要時患者可以馬上請護理師過來查看，讓護理的品質更好、更有效率，這是世界首創的「Nurse Call」（護理師呼叫系統）。

一八五四年，她率領護理師團隊，前往克里米亞戰爭前線，大幅改善當地的飲食與醫療衛生，南丁格爾「克里米亞天使」的稱號，便是這麼來的。

她是統計學者，也是教育家

南丁格爾在統計學上也非常有成就。為了向政府說明，軍隊裡面維持環境整潔有多重要，不衛生會害死多少條人命，她使用了非常精細的統計圖表分析法。

她送上來的資料有各種自行研發的統計圖表，這在當時是破天荒的，一目了然之餘，還頗具說服力。一八五九年，南丁格爾被選為英國皇家統計學會的成員，是史上首位獲得這項殊榮的女性。

不僅如此，南丁格爾也因在倫敦創立了世界第一間專門培育護理師的學校而馳名。長期以來，護理師一直被當作身分低賤的傭人看待，但透過適當的訓練後，他們正式被認可為專業人士。奠定了基礎護理學的專業，也是南丁格爾的偉大功業。

在《護理札記》中，南丁格爾給後人留下一段著名的理論。

「你在現場也好，不在現場也罷，不管你在與不在，都要建立一套可以自行運作的管理方法，否則你之前的護理全是在做白工，甚至會得到反效果。」

南丁格爾指出，所謂管理，是即使自己不在也能照常運作、高效能產出的一套模式或制度。在現代社會，我們經常看到許多主管喜歡把「非我不可、沒我不行」掛在嘴邊，然而過度依賴特定人才的組織是脆弱、無效率的。面對這樣的組織，身為主管不去想要如何改善、降低風險，反而吹捧自己的重要性，真是少一根筋啊！南丁格爾的話振聾發聵，是至今許多組織都得銘記在心的重要管理言論。

世上首位成功完成胃癌手術的外科偉人

不是將病灶切除就沒事了

每次講解胃部手術時，我都會說：「這個重建法，一百年以前就有了。」

醫學術語中的「重建」，指的是讓輸送食物、消化液、血液、尿液的通道，在經過部分切除後，仍具備讓內容物通過或排泄出去的功能，也就是把管子重新接起來的意思。

切除胃部腫瘤後的重建術式有很多種，最具代表性的是把殘餘胃和十二指腸接合在一起的「畢羅氏I式」，以及將殘胃與空腸（小腸中段）吻合的「畢羅氏II式」。該重建法是以活躍於十九世紀的近代外科偉人、德國外科醫生克里斯汀．艾伯特．西奧多．畢羅（Christian Albert Theodor Billroth）的名字來命名的。

人們曾經以為，把內臟病灶切除並加以治療的技術，是不可能做到的。然而，十九世紀後半，在維也納大學擔任外科教授的畢羅，陸續引進針對食道、胃、喉頭、卵巢等內臟疾病的新手術技法。

對於這些許多外科醫生不曾涉足、也不敢踏入的領域，畢羅果敢進攻，並屢次完成高難度的手術。

為什麼畢羅可以成功導入這些新的手術技法呢？

理由之一，就是他做事非常細心縝密。他會徹底分析、研究自己操刀的手術，為什麼會成功？為什麼會失敗？並鉅細靡遺地記錄下來。比如說把胃切除後要做重建手術，必須把口徑大的胃部殘餘端，跟口徑小的十二指腸或小腸接合起來。

當然，縫合的地方消化管壁本來就比較脆弱，那麼，要怎麼做才能安全地縫合呢？用什麼方法才能讓吻合的接口耐住胃液的強酸呢？胃變小之後，身體會出現怎樣的變化？最重要的是，人把胃切除後還能活嗎？

這些問題，畢羅都透過動物實驗反覆進行驗證，從錯誤中汲取教訓。一八八〇年代，他終於成功完成史上第一例胃癌切

畢羅

除手術，震驚了世人。

然而，畢羅能有此成就，靠的並不只是他個人的高超技術與縝密的理論基礎。他所活躍的十九世紀，是已經有「消毒」和「麻醉」技術的年代。這兩樣革新的技術，讓原本處處受限的外科醫學就此邁向康莊大道，有了無限可能。

腹腔必須是無菌空間

腹腔、我們的肚子，是百分之百、絕對無菌的空間。一旦這裡跑進了細菌，就會引起腹膜炎，沒多久就會有性命危險。在那個不知消毒為何物的時代，往肚子裡的五臟六腑動手術，根本是不可能的事。不過，畢羅率先引進了消毒技術，提高了手術的安全性。

另一方面，全身麻醉也以意外的形式普及化了。十八世紀後半到十九世紀左右，被當作「娛樂性毒品」（party drug）使用的乙醚蒸氣，是今日全身麻醉技術的起源。吸入乙醚的人，會出現欣快、陶醉的酩酊狀態。年輕人會在宴會中使用乙醚狂歡，只為進入癡癡傻笑的狀態。

乙醚讓人神智不清，彷彿置身夢境一般，就算受傷了也不覺得痛。注意到它這方面作用的是美國的牙醫，他們用它來實現無痛拔牙。

一八四六年，美國的牙科醫生威廉·莫頓（William Morton）首度使用乙醚蒸氣——有機溶媒製成的揮發性麻醉劑，成功做到了全身麻醉，為現代的主流麻醉法奠定了基礎。自那之後，更安全的麻醉劑陸續被開發出來，普及至全世界。

趁患者睡著的時候把肚子切開，將病灶摘除後縫合，等他自然醒來。這只能說是奇蹟的治療，之所以能夠實現，全拜全身麻醉技術普及所賜。也只有在這樣的時代與背景下，畢羅的技術和智慧才有發揮的餘地。

莫頓

順道一提，畢羅本人的音樂造詣也頗深，一生酷愛鋼琴與小提琴，更在自家開過演奏會。德國作曲家布拉姆斯（Johannes Brahms）是畢羅的好朋友，兩人透過音樂結下深厚情誼。一八七三年，布拉姆斯發表的第一、二號弦樂四重奏，就是獻給摯友畢羅的。

醫療現場最有名的工具

科赫鉗與手術

就算不知道美國的發明家塞繆爾．摩斯（Samuel Morse）是誰，應該聽說過「摩斯密碼」吧？就算不清楚英國軍人查爾斯．杯葛（Charles Boycott），也知道「杯葛」是怎樣的行為，對吧？

事實上，對醫療從業人員來說，瑞士外科醫師埃米爾．西奧多．科赫也是類似的存在。科赫發明的「科赫鉗」，恐怕是醫療現場最常使用的工具之一，凡是醫療從業者，沒有人不知曉他的名號。

科赫鉗在手術時能牢牢箝制住組織或絲線，是非常好用的工具。即使在一般病房，要夾住管子把東西固定住，也經常會用到它。不分科別，所有醫療現場都會配置的工具，就是科赫鉗。

科赫是活躍於十九世紀到二十世紀初的外科醫生，當時他發明這個鉗子主要是為了「止血」。

動手術的時候，他會準備好幾把這樣的鉗子，一旦有血從小血管滲流出來，他就會使用鉗子的前端把血管夾緊，藉此一一把血止住。當時不比現代，沒有電燒刀這類的電子器材可以使血管凝固抑制出血，科赫鉗可說是非常好用。

科赫的手術技法細膩且步步為營。他總是小心再小心地要讓出血量減至最少。跟速度快且作風大膽的畢羅不同，他倆的手術是完全不同的類型。

最能發揮科赫這方面優勢的，是甲狀腺摘除手術。

科赫

甲狀腺在脖子前面，是三～五公分寬的小器官。對付甲狀腺腫瘤，經常得把甲狀腺整個摘除，但當時的外科醫生不輕易做這樣的手術。原因在於甲狀腺周圍布滿了細小血管，血流豐富，一旦出血便很難控制，因而被醫生們視為畏途。

一八六六年，畢羅動刀的甲狀腺手術死亡率，其實還有四〇％，反觀科赫這一邊，用細膩的手法把出血量降到最低，根

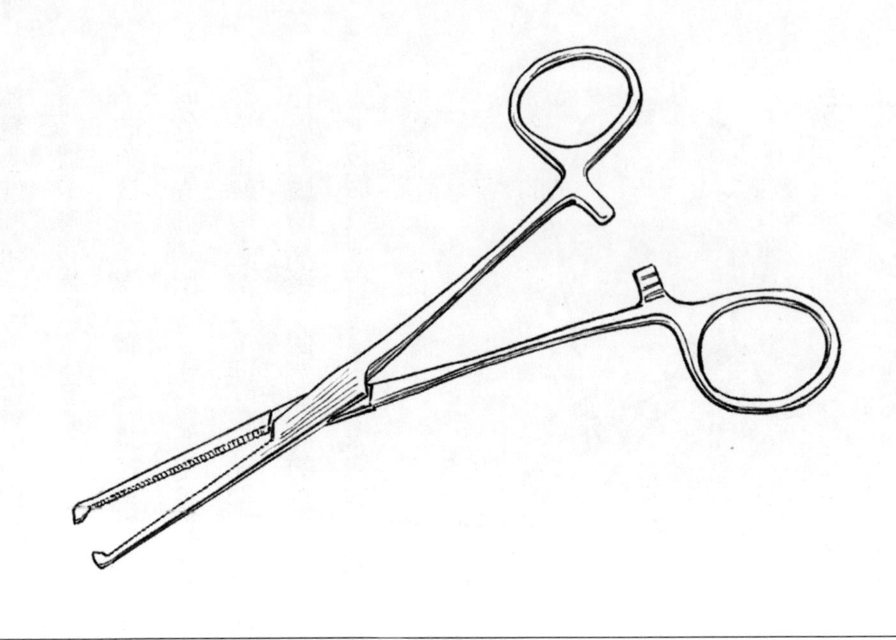

科赫鉗

據一八九八年的報告，死亡率只剩下〇・二%（5）。

科赫在一生中，做了超過五千例的甲狀腺摘除手術。有豐富的經驗作基礎，難怪他能達成這麼高的安全性了。

碘與甲狀腺激素

在國外超市買到的食用鹽，一般都會添加碘，製成所謂的加碘鹽。在許多國家，碘是人民容易缺乏的微量元素。不少國家甚至立法規定，食用鹽裡必須加碘才能販售。

反觀日本這邊，在市場是看不到加碘鹽的。不僅如此，日本根本不把碘當作食品添加劑。日本人在日常飲食中，也不會刻意去關注有沒有攝取碘。

這是為什麼呢？

只能說日本人在碘的獲得上得天獨厚，日本人不用刻意去攝取碘這樣的營養素。日本人經常吃昆布、海帶芽、海苔等海藻類食品，已經變成一種飲食習慣，也因此日本是全世界罕見的高碘攝取地區。

話說回來了，人為什麼非攝取碘不可呢？

原因在於，碘是形成甲狀腺激素的主要原料。碘攝取不足，甲狀腺激素就會分泌不夠，甲狀腺機能就會低下。

這對懷孕婦女與新生兒的影響尤為嚴重。甲狀腺激素負責掌管人類腦部的發育，一旦嬰幼兒體內的甲狀腺激素不足，將造成永久性、不可逆的智能障礙。

意外曝光的甲狀腺功能

甲狀腺分泌甲狀腺激素，具有調節人體新陳代謝的功能。甲狀腺激素分泌過剩的代表性疾病之一巴塞杜氏症（Basedow's disease），就是甲狀腺功能亢進導致新陳代謝高速運轉，出現心悸、氣喘、手腳顫抖、多汗等症狀的疾病。

相反地，甲狀腺激素分泌不足將導致甲狀腺功能低下，身體基礎代謝下降，引發全身無力、疲憊、浮腫、便祕等症狀。此外，手、腳、眼皮等部位會嚴重浮腫，出現特有的「黏液水腫」現象。

新生兒的先天性甲狀腺功能低下，是指剛出生就出現甲狀腺激素不足的情形。此疾病是造成兒童成長遲緩與智能障礙相當常見的原因之一，因此又名呆小症（Cretinism）。然而，若能及早發現，補充甲狀腺激素製劑，未來的成長與智力發展將與正常兒童無異。這也是甲狀腺機能測定之所以被納入新生兒篩檢項目的理由。

話說甲狀腺的功能，與它所引發的疾病，一直到十九世紀後半，人類都一無所知。甲狀腺功能被揭發的契機，起源於科赫的一篇報告。

科赫的報告指出，原本活潑好動的十一歲女兒，在做完甲狀腺全切除手術後，像換個人似地性情大變，成天無精打采、懶洋洋的。這個女孩有個雙胞胎妹妹，同樣十二歲，女孩的身高卻比妹妹矮上許多，身材略胖，全身浮腫，出現黏液水腫的現象。

科赫訝異於雙胞胎的差異，把自己過去執刀的甲狀腺手術病例全部收集起來，進行仔細研究。他認為原因可能出在甲狀腺上。果然不出所料，所有做過甲狀腺全切除手術的患者，都出現了類似的症狀。

之後，他對黏液水腫的患者投以提煉自羊甲狀腺的抽取物，使患者的情況獲得改善。就在這時科赫發現，該抽取物裡含有碘的成分。

像瑞士這樣位於山岳地帶的國家，人民的碘攝取量普遍不足，患有呆小症或黏液水腫的人一向很多。不過，以前大家都不知道是什麼原因。多虧有科赫向世人揭發這個驚人事實：原來這些病跟甲狀腺全切除手術的後遺症一樣，全是「甲狀腺激素分泌不足」所引起的。

這意味著，只要「補充甲狀腺激素」，這些病就有救了。是的，促進醫學往前邁進一大步的科赫，在一九〇九年獲頒諾貝爾生理醫學獎，也是史上第一個以外科醫生身分榮獲此殊榮的人。

讓人上癮的娛樂性藥物

古柯鹼與可樂

原生於南美安地斯山脈的灌木古柯樹（Coca），早在三千年以前，就是深受原住民喜愛的嗜好品。把古柯的葉子咬碎，吸取其汁液，會讓人有提神興奮的感覺。據說就連古印加帝國的人們，都很喜歡嚼食古柯的葉子。

十九世紀中葉，德國有人成功提煉出古柯的有效成分，並將它命名為「古柯鹼」（Cocaine）。古柯鹼的作用非常強，吃了古柯鹼以後，人會變得異常自信、活力滿滿、精神充沛。它的人氣紅不讓，含有古柯鹼成分的壯陽藥、提神飲料陸續上市，魅力無人可擋。

法國化學家安哲羅．馬里亞尼（Angelo Mariani）將古柯葉浸泡在波爾多葡萄酒中，發明了馬里亞尼葡萄酒（Vin Mariani），在整個歐洲地區大賣特賣。眾所周知，包括發明家湯瑪斯．愛迪生（Thomas Edison）在內的許多歷史名人，

馬里亞尼葡萄酒

都是馬里亞尼葡萄酒的愛好者。

此外，美國的藥劑師約翰·彭伯頓（John Pemberton）也發明了一款加入古柯鹼的新飲料，並取得了專利。一八八六年上市的這款飲料，因為含有提煉自非洲可樂樹（Cola）果實的咖啡因，以及來自古柯葉子的古柯鹼，被命名為「可口可樂」（Coca Cola），一下子就成為爆紅商品。

然而，古柯鹼的危險性後來被發現了。古柯鹼有很強的上癮性，吸食古柯鹼時有多快樂，戒斷時就有多痛苦，攝取過量甚至會危及性命。一九〇三年，可口可樂公司把古柯鹼從可樂的配方中排除了，一九一四年，美國宣布禁止使用古柯鹼，視它為違法的毒品。

就這樣，古柯鹼從可以輕易買到、受

眾人追捧的紓壓娛樂用品，跌落成持有或使用都受到管制的違禁藥品。然而，古柯鹼的作用不只是提振精神而已，還有其他作用，可應用於醫療現場。

那就是局部麻醉的作用。

神奇麻醉藥古柯鹼

古柯鹼剛被提煉出來的時候，人們就已經發現，把它放入口中，舌頭會像麻痺似地失去感覺，品嚐不出味道。一八八四年，二十幾歲的奧地利眼科醫師卡爾．科勒（Karl Koller）從同事那裡聽聞古柯鹼在這方面的神奇作用，突然產生一個大膽的想法。

說不定古柯鹼可以用於眼睛的局部麻醉？如果可以的話，原本被視為不可能任務的「眼睛手術」，或許就有可能了？

科勒馬上進行實驗。他把古柯鹼的水溶液滴在青蛙的眼睛裡，然後拿針去刺青蛙的眼睛，結果青蛙竟然完全沒感覺似地動也不動。這太令人驚訝了，明明針都已經刺進眼珠子裡了。科勒又對兔子和狗進行了相同的實驗，甚至拿自己的眼睛來試，結果都一樣，確實不覺得痛。

古柯鹼能讓疼痛消失。就在這一瞬間，他有了偉大的發現。同年，他在德國海德堡舉辦的學會上發表了這項成果，自此局部麻醉法的普及邁出了第一步。

之後，普魯卡因（Procaine）、利多卡因（Lidocaine）、丁卡因（Tetracaine）等，改良自古柯鹼的局部麻醉劑陸續被研發出來。這些物質可以作用於神經細胞表面，暫時阻斷疼痛訊號的傳導，從而發揮止痛的功能。

外科醫生的搏命實驗

得知有關古柯鹼的研究報告，試圖將它導入一般外科治療的重要推手，是美國的外科醫生威廉・史都華・哈斯泰德（William Stewart Halsted）。

他和醫學院的學生們一起用古柯鹼做實驗，得到很多新的知識。比方說，把古柯鹼注射到遊走於下顎的神經周圍，牙齒和牙齦會完全被麻醉，不感覺到痛，這樣做起口腔手術來就方便多了。後來這個方法作為神經阻斷術而普及開來，成為重要的局部麻醉法之一。

話說哈斯泰德這些劃時代的實驗，很多都是彼此互相擔任對方的白老鼠。當時沒有人知道古柯鹼的危害性，它逐漸侵蝕著哈斯泰德的身體，讓他苦於藥物依賴性，甚至二度進出精神病院。

身為現代人的我們理所當然、天經地義地享受局部麻醉的好處。只要注射少量的麻醉藥劑，人就能在一定時間內完全失去痛覺地接受手術。拔牙也好，用手術刀把皮膚切開取出腫瘤也罷，都可以在無痛的狀況下進行。這簡直就是天降神藥的古柯鹼，它的演變歷史，其實也是外科醫生搏命實驗的血淚史。

全美首屈一指的外科醫生哈斯泰德

哈斯泰德

位在美國馬里蘭州巴爾的摩的約翰霍普金斯大學（Johns Hopkins University），是用美國銀行家約翰斯．霍普金斯（Johns Hopkins）的龐大遺產所創立的著名私立大學。霍普金斯指示，遺產均分成兩份，分別捐贈給以其名字命名的約翰霍普金斯大學和約翰霍普金斯醫院。

約翰霍普金斯醫學院是大學的一部分。霍普金斯交代，它應與醫院密切合作，專注於高水準的治療、教育與研究工作。時至今日，約翰霍普金斯大學擁有全世界首屈一指的醫學院與附屬醫院。它的醫師培育制度與醫學研究，不僅對美國，也對全世界帶來了重大的影響。

一八七六年，隨著約翰霍普金斯大學的創立，醫學院招聘來人稱「big four」（四大天王）

的著名教授群，有內科的威廉・奧斯勒（William Osler）、婦產科的霍華德・愛特伍德・凱利（Howard Atwood Kelly）、病理學的威廉・亨利・韋爾奇（William Henry Welch），以及前面提到的外科教授哈斯泰德。他們四人同為約翰霍普金斯大學的創始教授。

十九世紀後半，要屬德國的醫學最為先進。當時美國的醫學生大多會前往德國，學習最尖端的醫學知識。哈斯泰德本人也曾留學德國，在畢羅等知名外科醫生門下學習手術的精髓。熱心教育的哈斯泰德，後來更把這方面的經驗活用於提攜後進，培育了很多優秀的學生，讓美國的外科醫學突飛猛進。

比方說，在哈斯泰德門下接受訓練的外科醫師哈維・威廉斯・庫欣（Harvey Williams Cushing），就是對腦神經外科學有巨大貢獻的先驅。他是世界上最早發表庫欣氏病（Cushing's disease，生長在腦下垂體的腫瘤引起荷爾蒙分泌過多的疾病）報告的學者，被後世譽為「近代腦神經外科之父」。

哈斯泰德的手術就像藝術品般行雲流水、出神入化，不愧為大師等級。當時大家最重視的是速度，很多外科醫生光是應付感染和止血就已經人仰馬翻，反觀哈斯泰德的手術既安全且細心，術後的結果也是一等一地棒。

大家所熟知、俗稱「疝氣」的「鼠蹊部疝氣」，是小腸從大腿根部（鼠蹊部）的肌肉縫隙突出來，造成身體表面出現隆起，伴隨疼痛或鼓脹感等不適症狀的疾病。當時，手術後的復發

庫欣

率極高，手術後死亡的人也不少。於是，哈斯泰德利用顯微鏡，仔細研究了鼠蹊部的複雜構造，開發出新的手術方法，大幅減少了復發率。

不僅如此，哈斯泰德對乳癌手術也是竭盡心力。當時，初次罹患乳癌的患者做完手術後，局部復發的機率接近五〇%，結果還是會死。於是，哈斯泰德主張應大範圍切除，不只乳房，連後面的胸肌、腋下淋巴結，也都要切除乾淨。這個做法讓乳癌的局部復發率驟降至六%(6)。

這種根除性的乳房切除術也被稱為哈斯泰德手術，長期以來一直是乳癌的標準療法。他所呈現的，開刀能把癌症「治好」的事實，為許多乳癌患者帶來希望。

然而，一九六〇年代以後，會嚴重損害患者生活品質（QOL）的這種手術方式，正逐漸式微。因為人們發現，盡可能對乳房施以溫和的治療——手術輔以化療、放射線療法、荷爾蒙療法等的綜合性治療方案，效果反而更好。

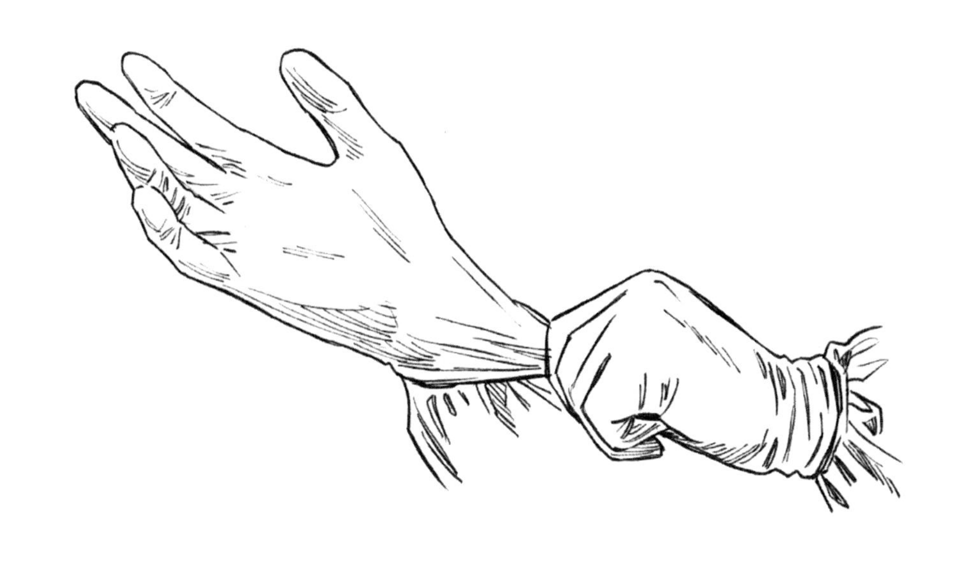

手術用手套

從徒手到配戴手套

過去的手術，徒手直接進行是天經地義的事。外科醫生的手髒死了，沾滿病人的血液或體液。這也不能怪他們，畢竟當時根本沒有人知道手上的細菌會引發感染，也是致命的原因。

李斯特之後，醫護人員手部消毒的觀念與規範逐漸普及開來，但同時產生了另一個問題：手會非常乾燥。每天接觸這些刺激性強的消毒藥劑，讓得到皮膚病的醫護人員越來越多。

約翰霍普金斯大學附屬醫院的手術室護理師卡羅琳．漢普頓（Caroline Hampton），就深受這種接觸性皮膚炎所苦。不想失去得力助手的哈斯泰德，特地請生產橡膠輪胎的固特異公司（The Goodyear Tire & Rubber Company）製作供開刀使用的乳膠手套。

這種手套成了劃時代的偉大發明。不僅醫護人員不再有接觸性皮膚炎的困擾，更因他們配戴的是無菌手套，病人術後感染的風險也明顯降低了。就這樣，無菌乳膠手套很快普及開來，配戴它也成為進行手術的標準流程。

話說這位外科手套的謬思卡羅琳小姐，幾乎沒什麼機會替哈斯泰德配戴手套。怎麼說呢？一八九〇年，她和哈斯泰德結婚後就辭去護理師的工作，專心在家相夫教子。這個外科醫學的重要發明，原來源自於偉大外科醫生的戀慕之心呀！

第4章

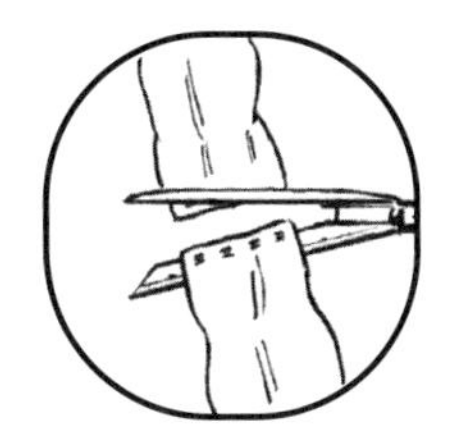

令人歎爲觀止的手術

天才的工作，不是在既有問題上給出新的答案，

而是提出一般人要想很久才能解答的新問題。

休・崔佛・羅珀（Hugh Trevor Roper）

（歷史學家）

手術刀的發展與進步

「請給我手術刀」

我在當醫學院學生的時候，還記得第一次參觀手術演示，最讓我驚訝的是執刀的外科醫生並沒有在過程中說「刀！」什麼的。大概是醫療劇看多了，戲裡的外科醫生要下刀前，總會凶巴巴地喊一聲「刀！」一旁的護理師就會趕緊把手術刀遞過來。

但是，當天示範的外科醫生卻是心平氣和地說道：「那麼，我們開始了，請給我手術刀」。更令我驚訝的是，他用手術刀把病人皮膚切開後，還說了一句：「好，刀子可以收起來了」。這才慢條斯理地將手術刀遞給護理師。跟戲裡演的完全不一樣，這也太不刺激了。

當然，說話的語氣或選用的詞彙因人而異，每個外科醫生都不一樣。不過，根據我們所受的教育，所有參與手術的醫護人員，「在傳遞手術刀時，一定要非常小心」。

手術刀非常銳利，在皮膚上輕輕劃過，就是一個口子。外科醫生或護理師的手，若不小心碰觸到手術刀的話，輕易就能把手指剁下來。萬一手術刀不慎掉落，扎到誰的腳，那事情就大條了，不僅傷口會很嚴重，甚至會因為碰觸患者的血液而引發感染的風險。

因此，我們在傳遞手術刀的時候，一定會注視著對方的眼睛，確定對方知道我的動作才做。不僅如此，在遞交手術刀時，如果能「出聲」提醒：「手術刀給您了」、「手術刀收回了」，將會更為理想。像演戲那樣，大家手忙腳亂、慌慌張張地把手術刀遞來遞去，其實是非常危險的。

話說，接過手術刀後，要怎麼把身體切開呢？這裡就以最常見的腹腔手術為例，講解一下它的過程吧！

切開肚子才能看到

基本上，手術刀切開的只是皮膚的表層，俗稱表皮和真皮的部分。這是使用手術刀的原則。若是一刀下去就把皮肉整個切開了，會讓皮膚裡面的微血管到處滲血，光止血就夠嗆了，其他事都不用做了。因此，通常的方法都是先用手術刀把表層的皮膚切開，再用電燒刀往下深切。

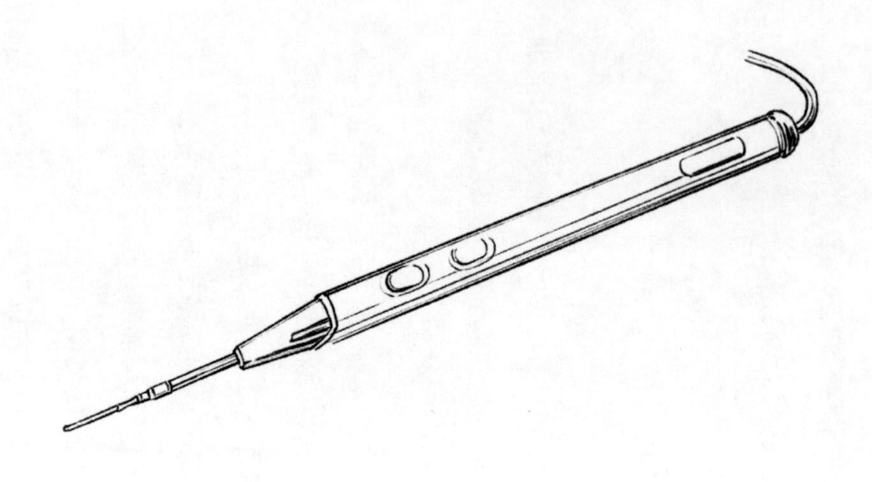

電燒刀

電燒刀（又稱電刀），雖然名字裡也有「刀」字，卻不是什麼尖銳利器。電燒刀的形狀有點像又不太像金屬的手術刀，是一種利用電流燒灼組織，達到切割目的的筆型手術器具。把電燒刀的尖端對準要切開的部位，按下按鈕、通電，刀尖所到之處，組織將馬上被切斷。

因為是利用熱能使蛋白質凝固，易於切開，因此就算裡面有一堆細小的微血管擋路，也不會造成出血。這是電燒刀有別於金屬製刀具最大的優點。說到高溫加熱使蛋白質凝固，大家不妨試著想像一下蛋白加熱後的情形，應該就能夠了解了。

電燒刀不只可以切開皮膚，把肚子剖開後還會經常用到它。比起金屬手術刀，它的用處大多了。

使用電燒刀進行手術時，必須在患者身體貼上名為「電極板」的貼片。電極板會在病人的身體形成電流迴路，把電燒刀釋放至人體的高頻電流導出並回收。

電極板的貼片通常會貼在患者的大腿處。趁患者麻醉睡著時貼上去，甦醒之前就撕下來。因此，即使有做過全身麻醉手術的人，也幾乎不太曉得這個貼片的存在。

電燒刀的小名叫「波比」

其實，在日本有很多外科醫生會暱稱手術用的電燒刀為「波比」。「波比」這個小名，源自於電燒刀的發明者麻省理工學院（MIT）的物理學家威廉・波比（William Bovie）。他在一九二〇年代發明了手術用的電燒刀具。用發明者的名字來稱呼他所發明的器具，這點就跟前面提到的科赫鉗一樣（在醫療現場有人會只用「科赫」來稱呼科赫鉗）。

跟波比一起合作研發電燒刀的是哈斯泰德的學生、腦神經外科的權威庫欣醫生。當時庫欣在哈佛大學的附屬醫院彼得本特布萊根醫院（現在的布萊根婦女醫院／Brigham and Women's Hospital）任職，離麻省理工學院非常近，幾乎就在隔壁。

做腦腫瘤手術，控制出血是一大難題。一旦腫瘤周圍的微血管有出血的情形，必須第一時間就進行結紮或縫合。但是，因為以前用的是針線，血總是很難止住，有時出血量太大，患者可能因此就丟了性命。這時庫欣想到的是用通電的儀器來讓組織凝固並止血。

一九二六年，首次使用電燒刀的腦腫瘤手術，身為發明者的波比也有參加，他在旁邊幫忙調整發電機等工作，支援著庫欣。這場手術非常成功，庫欣把它寫成論文發表出來，自此電燒刀在全世界逐漸普及開來（1）。

不僅如此，庫欣還有一個重要的發明，就是止血用的夾子。只要把這個夾子夾住微血管，就可以順利止血，非常好用，而且這個小夾子可以留在人體內，不需要特別處理。

就這樣，庫欣用了許多辦法，把當時據說死亡率高達九〇%的腦外科手術，大幅降至不到一〇%，確立了腦外科手術的安全性（1）。這也是他被譽為「近代腦外科學之父」的原因。

單極電刀與醫療劇

外科醫生裡面，也有人直接把電燒刀稱為「monopolar」。其中，「mono」在英文是「一個」的意思，「polar」則是「電極」。換句話說，「monopolar」就是只有一個電極的器具。

熱門電視醫療劇《派遣女醫X》的主角大門未知子需要電燒刀時，都會說「monopolar」。從該劇開始，近幾年的醫療劇在拍攝用電燒刀把皮肉切開的畫面時，都會在電燒刀所到之處呈

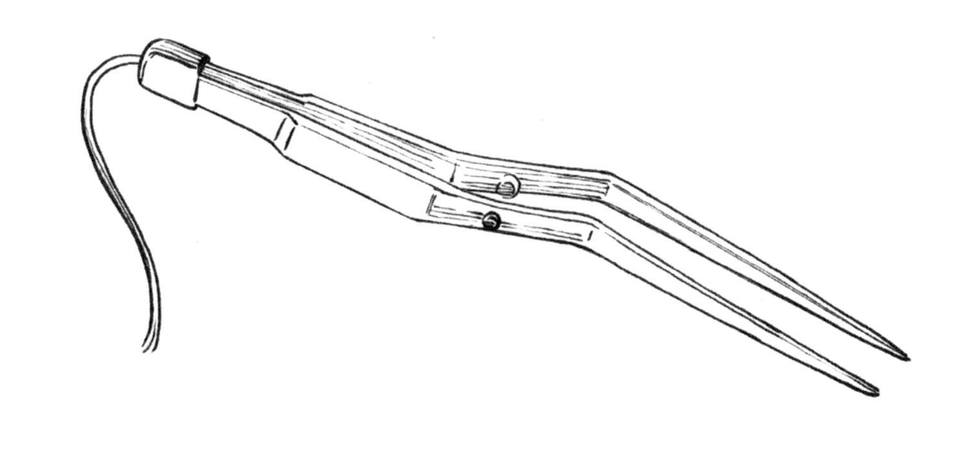

雙極電刀

現煙霧裊裊上升的效果。在我這個專業人士看來，其實還蠻寫實的。

順道一提，既然有「單極電刀」（monopolar），就會有「雙極電刀」（bipolar）。「bipolar」的前綴詞「bi」，就是「兩個」的意思。雙極電刀是把兩個電極放到同一個儀器上，產生迴路。透過鑷子的兩個尖端向組織提供高頻電能，使被夾住的血管組織脫水而凝固，達到止血的目的。由於它的作用範圍只限於鑷子兩端之間，對組織的損傷程度遠比單極電刀要小得多，雖不能切開組織，卻能有效止血。

此外，近年常用的還有超音波凝固切割裝置（又稱「超音波刀」）。利用超音波一秒震動約五萬次的高速，使刀刃與組

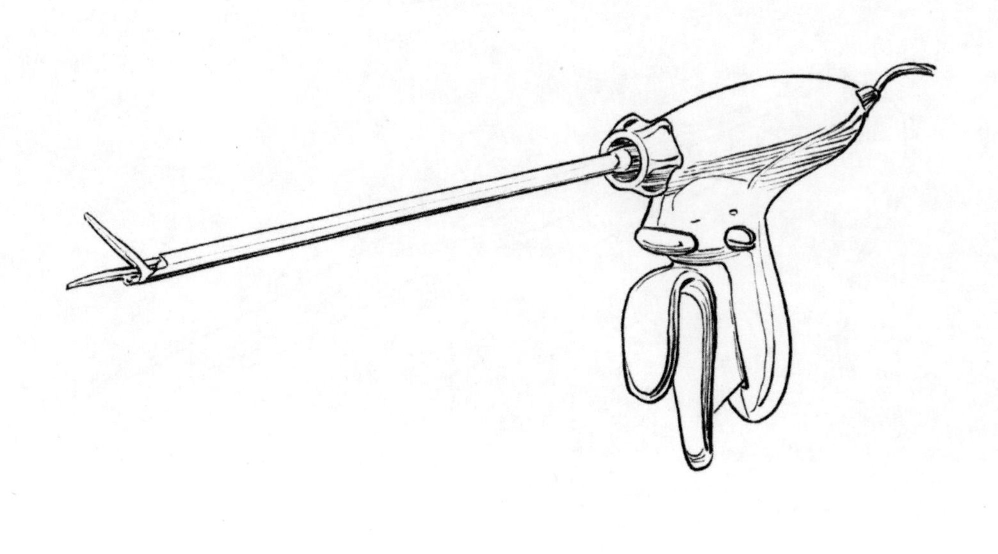

超音波凝固切割裝置

織之間產生摩擦熱能，達到使蛋白質凝固、易於切斷的手術目的。跟電燒刀不一樣，組織不會有電流通過，但在高溫的作用下，被夾住的組織（包括血管裡的血液）會瞬間凝固，也有防止出血的效果。

近年各種超音波凝固切割裝置陸續被開發出來，醫生可以根據個人的喜好或手術的類別選擇使用。如今，它已是外科手術不可或缺的重要工具之一了。

「醫生，這個腫瘤可以切嗎？」「我請有名的外科醫生幫我切」，很多人在說「動手術」的時候會只用「切」這個字，也是啦，大部分手術做的不過是重複「切」的動作。

但是，從金屬手術刀、手術剪刀，到電燒刀、超音波凝固切割裝置，光是為了

「切」這個動作，就研發出這麼許多工具。不僅要切得安全，還要切得漂亮，「切」的手段一直在進步，可謂日新月異。

用機器切開腸子再縫起來

「縫合」和「切開」同時進行

我在手術之前經常會說明：「在縫合腸子的時候，以前都是外科醫生用針線進行縫合，但現在都是用機器縫合。」

一聽我這樣說，幾乎所有人都非常訝異，讚嘆有這麼方便的機器。或許是因為大多數人一說到外科醫生，腦海中浮現的就是用針和線進行縫合的畫面。

不過，請大家想一想，現在不光是醫療這個領域，在全世界有許多人工作業都隨著技術的進步而漸漸被機器取代了。

回顧一下我們的生活周遭或許更能體認到這件事，洗衣機、洗碗機、吸塵器……，每個家庭都有許多方便的機器。即便用「縫紉」這項工作來舉例，很多使用針線的縫紉工作也都是交由縫紉機等機器來完成的。

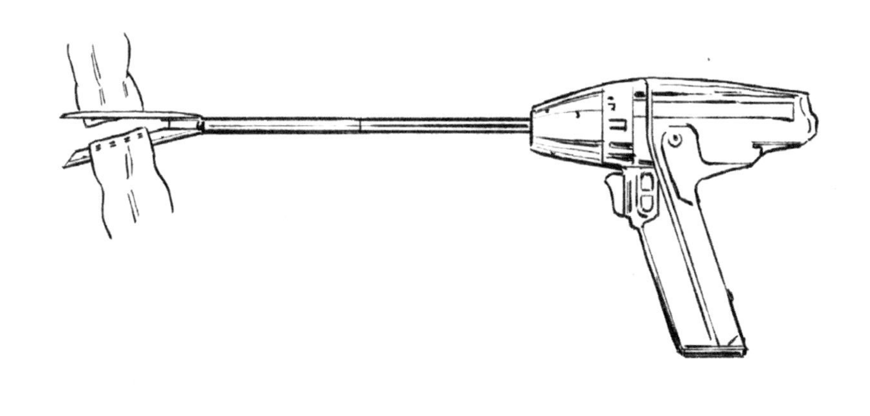

手術自動縫合器的原理

縫合腸子的機器，一般稱為手術自動縫合器。使用手術自動縫合器，可以同時進行「縫合」和「切開」。它的運作原理，和裁剪布料邊緣再把布邊縫合起來的縫紉機完全相同（我常常這樣解釋，不過只有少數有縫紉經驗的人才能了解）。

比如說，在進行大腸癌手術的時候，需要將癌細胞上游和下游的腸道切除，這時如果沒有預先做好準備就切開大腸，裡面的糞便會漏出來。而使用自動縫合器，就可以將切開的兩端切口自動縫合起來。換言之，如果把癌細胞上游和下游想要切開的腸道處用手術自動縫合器縫合，就可以在腸道「呈現封閉的狀態下」取出癌細胞了。

此外，手術自動縫合器並不像縫紉機

那樣用線來縫合，它的運作原理是用無數個像釘書針一般的金屬將腸壁縫合在一起。手術自動縫合器也稱為「釘書機」，因為它和用釘書針將紙張裝訂在一起的原理相同。

與釘書針不同之處，是手術自動縫合器的針比釘書針小得多，而且，這無數的針就像釘上數百個釘書針一樣，將切口細密地縫合在一起。當然，這些無數的針是可以終身留在人體內的。我們經常有機會為之前接受過手術並縫合腸道的人重新開刀，可以看見手術自動縫合器的釘針上就像是「堆滿了肉」似地被組織覆蓋，完全與身體融為一體。

手術自動縫合器的厲害

接下來，當有癌細胞的腸段被取出來之後，就必須把上游和下游的腸道再連接起來。這種情況可以使用的方法有許多種，不過，其實也可以使用同一台手術自動縫合器把它們接合在一起。

在要接合的兩條腸道的末端開一個小孔，將自動縫合器的上下刀片分別插入兩條腸道的小孔中，啟動儀器，即可將兩邊的腸壁接合在一起。至於這個小孔，最後就再出動一次手術自動縫合器，就可以將它縫合了。

用文字說明十分費力，這種使用手術自動縫合器接合腸道的技術，被稱為「端端吻合術」，是比較常見的一種接合方法。同樣的方法也可適用於胃、小腸、大腸等等，範圍很廣。

利用手術自動縫合器，就可以用人類雙手無法做到的速度以及精細程度來縫合腸道。這裡說明的是被稱為「線形縫合器」（Linear Stapler）的直線形手術自動縫合器，其他還有像是圓形的「圓形釘書機」（Circular Stapler）等等，有各種類型的手術自動縫合器。手術設備製造商相互競爭，努力研發新的手術自動縫合裝置，將這些裝置推出市場，提高了手術的安全性。

這類便利機器的優點其實不僅是「便利」而已，它們還有一個優點，就是可以將作業的品質維持在一定的水準。將先進的器械引進手術中，可維持高水準的手術完成度，並確保技術的應用可以更為廣泛和標準化。

假設有兩個世界，一個是有位「擁有神之手的外科醫生」，但只有少數病人有幸能由該醫生進行手術，另一個是全國各地病人都可以接受高品質的手術，兩相比較，想必大家更期望的應該是後者吧？

縫合器的歷史

很多外科醫生都把手術自動縫合器稱為「Petz」，或者是在用手術自動縫合器縫合時，也有醫生把釘針（金屬針）稱為「Petz」。

這個「Petz」綽號的由來，是一九二〇年研發出今日自動縫合器原型儀器的匈牙利外科醫師阿拉達爾・佩茲（Aladár Petz）（2），就和把電燒刀叫做「波比」的邏輯是一樣的。

直到二十世紀，器械縫合取代手工縫合的機制才開始被研發出來。一九〇八年，匈牙利外科醫師胡默・赫爾特爾（Hümér Hültl）研發出第一台縫合機器，用來縫合切開胃部時的切口（3~5）。然而，這個工具組裝完成需要花費兩個小時以上的時間，而且重達三・五公斤，實在稱不上是實用的產品。

之後，經過不斷試驗和排錯而研發出的 Petz 縫合器，就和現今使用的縫合器一樣，可以同時進行「切開」和「縫合」的作業。而且它的重量很輕，只有一・八公斤，因為它，手術自動縫合器才得以普及。

在後來差不多一百年的歲月裡，手術自動縫合器經歷不斷的改良。從需要多次抓握手柄啟動的手動式產品，到近年來已經成為主流、配備充電裝置的電動產品。而且，在最初研發時，自動縫合器是可重複使用的金屬製品，但現在它的許多零件都是一次性的，也就是用過即丟。每個人使用的都是全新拆封的用品，而且使用後就直接丟棄。

前面提到的電燒刀和超音波凝固切割裝置，同樣幾乎都是拋棄式的。和需要殺菌處理的重複性金屬製品相比，一次性產品的材質大多都比較輕，也較能裝配複雜的機械構造。而且每一個病人都使用全新的器具，可以降低體液感染或是血液感染的風險。從安全和便利的觀點來看，拋棄式的器具有日益增多的趨勢。

縫合不全的併發症

手指頭不小心被菜刀切到，只要縫個幾針，大約一個禮拜就可以拆線。換句話說，雖然傷口在一開始呈現不用線縫合就無法閉合的狀態，但只要經過一定時間，「即使沒有線，傷口也能維持閉合的狀態」。

每個人都理所當然地看待這個事實，但這是很荒謬的人體機能。比如說，如果將木頭和木頭用螺絲栓在一起，或是將紙張用釘書機釘在一起，絕對不會有「一星期後把螺絲或釘書機移除，它們仍然會保持接合狀態」這種事。只要將傷口的邊緣接在一起，組織就會自然再生並回復原狀，這個現象並非「稀鬆平常」。

事實上，像糖尿病患者或使用類固醇的病人等等，有不少人會因為一些慢性疾病而造成傷口癒合不良。在這種情況下，健康的人幾天就能癒合的傷口，在他們身上可能會出現過了幾週後仍然無法癒合的問題。

傷口縫合完，經過一、兩週後拆線，結果傷口又再次裂開。那一瞬間，我們再一次深刻地意識到「治療傷口的不是醫生，是人體自身」。

畢竟，外科醫生所能做的只有「讓傷口接合在一起」而已。精準地把傷口「接在一起」固然重要，但真正癒合傷口的還是病人自身的力量。

縫合腸道的情況也是同樣的道理。無論腸子縫合得多精細，細小的縫隙只能靠人體自行再生組織來填補。癒合能力受損的人，接縫處可能會綻開，幾天後就會出現「縫合滲漏」。這種現象在醫學術語上稱為「縫合不全」。

我也曾親眼見過在手術時緊密縫合，連一寸的間隙也沒有，但一週後還是出現縫合不全、接縫處綻開的情況。

發生縫合不全的風險，不僅跟病患自身的癒合能力，也和接縫處腸道的強韌度、血流的豐沛與否有關。一旦出現縫合不全的情況，腸道內的東西會布滿腹腔，還會引發嚴重的腹膜炎。縫合不全也是一種攸關性命的代表性併發症。

畢羅是全世界第一次成功進行胃癌手術的人，當時是一八八〇年代，在一八九四年那時，進行胃切除手術後的死亡率高達五四％，主要的死因是縫合不全。隨著縫合設備等技術的進步，這個死亡率已經慢慢地得到改善。根據二〇〇〇年代後半的資料顯示，胃切除手術後的縫合不全比率已經下降到〇～五％（6）。

在腸胃道的手術中，必須在骨盆深處進行腸道接合的直腸癌手術，有較高的縫合不全比率，即使近年來科技進步，縫合失敗率仍有一〇％左右（7）。無論設備如何進步，外科醫師如何磨練技術，也很難將此比率降至零。

手術時的紗布非常重要

爲什麼會發生紗布遺忘在體內的情況？

手術時紗布遺忘在體內的新聞時有耳聞。根據日本醫療機能評價機構的調查報告顯示，自二〇一二年至二〇一七年間，每年有二十件以上紗布被遺忘在人體裡的案例(8)。

一聽到這樣的數據，或許會有許多人憤憤不平地說：「怎麼這麼疏忽大意？」大概也會有許多人感到訝異：「只要多加留意，應該就不會發生這種把紗布忘在人體裡的事。為什麼這種『低級的錯誤』會一再發生呢？」

的確，忘了取出紗布肯定會出大問題。但偏偏紗布是「小心再小心，一不留神就會忘在肚子裡的東西」。

在手術的過程中會使用到大量的紗布。手術的時間越長，使用紗布的量就越多，多達好幾十塊的紗布反覆不斷在體內進進出出。紗布被水或是血液浸濕後會變小變硬，就容易隱沒在被臟器和內臟脂肪塞滿的體內。在體內找尋被隱沒的紗布，就好比是在茂密的森林裡找人。如果沒有確實執行防止遺忘紗布在體內的因應辦法，紗布「幾乎一定會遺忘在體內」。

於是，要有人計算「現在用了幾塊紗布，體內放了幾塊紗布」，這個作業就稱為「數紗布」。執行這項任務的人是手術室裡的護理人員。

「放了三塊，拿出兩塊，放了一塊，因為出血量變多，所以一次放了四塊，紗布被血液弄髒了，所以結塊的紗布全部取出，準備的紗布全用完了，所以再追加十塊紗布，有一塊紗布掉在地上……」

在手術期間，這樣的場景會一直持續數個小時。負責的護理人員會一一追蹤並記錄下來。手術室內的護理人員頭腦不停運作，遞送必要的器械工具，管理病患全身的狀況，同時還要應對瞬息萬變的狀況，並隨時檢查紗布的數量。醫生和護理人員之間，

「扣掉一塊。」

「放入兩塊。」

會像這樣透過互相對話，來記錄使用紗布的量。

市面上有在販售專為「點算紗布」而設計的托盤等產品，並經常在手術室裡使用。這是因為那些被血液和體液浸濕、已經使用過的紗布數量太多了，單單要清點它們就很辛苦。

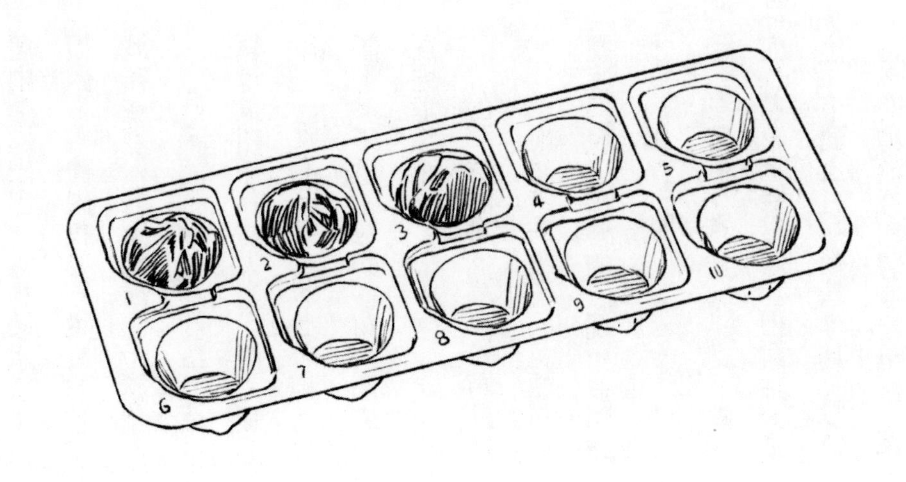

點算紗布的工具

請試想一下，這就好比有人遞給你十幾張已經結成一團、使用過的紙巾，要你數一數有多少張。如果不是很小心，你可能就會把兩張結在一起的一塊紙巾算成是一張。手術中的紗布也是同樣的情形，負責的人必須仔細地一張一張拆開來，而且必須非常小心謹慎，避免數錯。

使用紗布的目的

手術時會使用殺菌過的專用紗布，用途有很多種。

比如說，讓血液吸附在紗布上被帶走，就是紗布的主要功用。人體的各處都布滿了血管，就算是手指的皮膚被稍稍劃破一小口也會流血，這是因為連手指尖都遍布著細到肉眼看不見的微血管。

在手術過程中一定會有少量的出血，出血時如果不將這些血液清除，手術目標就會被血液遮蓋。外科醫生必須經常用紗布擦拭、清除血液，維持乾淨的視野，才能繼續安全地進行手術。

紗布不單僅是清除血液。人體內流著各種體液，淋巴液、胃液、腸液、胰液、膽汁、尿液等等，隨著施行手術的臟器不同，手術部位流出的液體也各有不同。將這些液體一一擦拭清除，也是紗布的功用。

此外，紗布有時也會用來作為隔開器官的屏障。很多時候，腹腔內會放置許多塊厚的紗布用來擋住小腸，以確保小腸不會妨礙到手術部位的空間。如果沒有紗布，手術就無法進行。

手術的最後會確認紗布計數的數字。如果數字不符，就開始搜尋是否有紗布遺留在體內。會被隱沒在體內的不只有紗布，像是鑷子等金屬器具也會被隱藏在臟器和內臟脂肪的縫隙裡。因此，不僅「數紗布」，也會「數器械」。護理人員會逐一確認、清點各種器械取用與歸還時的數量是否相符。

如果在這些確認的過程中發現有某一項數量不符，那就是紗布或是器具被遺忘在體內了。尤其像是因為大出血等狀況導致情勢危急的時候，短時間內會有好幾十塊紗布在體內進進出出，所以數錯的風險就增加了。

有鑑於此，近年來一般使用的紗布都會含有 X 光無法穿透（可以用 X 光顯影出來）的金屬成分，在手術最後再使用可攜式X光攝影裝置（移動式X光檢查儀器）檢查一次。當然，就算這麼做，有時候紗布也會因為被骨頭或其他東西遮住而看漏了，無法完全避免紗布被遺留在體內。

二〇二〇年，富士軟片公司利用人工智慧技術開發了一種「手術紗布辨識器」(9)，能透過X光檢查，自動辨識是否有紗布被遺忘在身體裡，大概也兼顧到成本的考量。但毫無疑問地，風險越高的工作，越應該導入「不依賴人類記憶和人眼的系統」。

醫療與滅菌紗布

紗布（gauze）是一個廣義的詞彙，指的是一種由纖維交織而成、質地粗糙的布料。這個名詞的來源眾說紛紜，但有一種說法較具說服力，就是它源自於阿拉伯語中的「qazz」（意指絹），以及波斯語中的「kaz」（意指生絲）(10)。而這兩個單字都是源自於絹絲的起源地，也就是巴勒斯坦的城市加薩（Gaza）。

最早將紗布用於醫療用途的，是發明檢傷分類和世界上第一台「救護車」的法國外科醫師拉雷。本書的第三章也有提及，他活躍於十八世紀，是拿破崙軍隊的首席軍醫。

然而，直到李斯特之後，紗布在外科手術中的使用才像今天這麼普及。李斯特絞盡腦汁想要將手術後的感染減至最低，嘗試將所有與病患接觸的物品進行消毒。

十九世紀後半，李斯特率先研發出浸漬消毒劑苯酚（俗稱石碳酸）的紗布，事先準備好以備在手術中使用。之後他測試了除了苯酚以外的各種消毒劑，在不斷失敗中嘗試，想要找出理想的藥物浸泡紗布。

與此同時，自從細菌學家羅伯・柯霍證明細菌會致病後，人們就開始尋找可以根除細菌的「無菌法」（asepsis）。路易・巴斯德證實用攝氏一百二十度以上的高溫可以殺死細菌，巴斯德的助手查爾斯・張伯倫（Charles Chamberland），在一八八〇年發明了世界上第一台高壓蒸氣消毒器(11)。透過所謂類似壓力鍋的構造，可以創造出攝氏一百二十度以上的環境，將細菌全數消滅。

挑戰不可能的任務

當然，人體不能用高溫蒸氣來殺菌，但在手術過程會直接接觸到的金屬手術器具以及紗布、亞麻布等，卻有可能用這個方法達到無菌狀態。高壓蒸氣消毒器被稱為「滅菌釜」（autoclave），是現代臨床醫療中最常用的消毒設備之原型。

今日手術中用於體內的所有器材全都是無菌的。除了耐熱材質產品會使用滅菌釜殺菌，一些不耐高溫的塑膠和橡膠產品也可以經過氣體滅菌（環氧乙烷滅菌，Ethylene Oxide Sterilization，簡稱EO滅菌），這是一種可以在產品包裝完成後進行消毒的方法。特殊的包裝材料透過攝氏五十到六十度的氣體，可以讓產品達到殺菌的效果。

於自然界中無所不在的微生物「要在手術進行的場域裡完全滅絕」，這是眾多科學家勇於挑戰之不可能的任務。今日的我們視為理所當然並坐享其成的無菌操作，是費盡心思、致力將手術後感染降至最低限度的醫生和科學家們辛苦努力的結晶。

利用重力使腸子移動

倒立時的腹腔

如果你現在是倒立的狀態，腹腔會發生什麼事呢？這時，小腸和一部分的大腸會因為重量往頭的那端移動，下腹部會騰出寬裕的空間。我們的腹腔並沒有被臟器塞得滿滿的，還是有合理的空間存在。

在腹腔中，占據最多空間的就是小腸。大約六公尺的小腸在腹腔中會隨著重力的作用移動，躺平的時候小腸會平均分散在整個腹腔，站著的時候小腸會往腳的那側移動，而倒立時小腸會往頭的那側移動。

當然，好比是腹腔裡養著一條長長的鰻魚一樣，小腸不是獨立浮在水中的。我們可以將它想成是在大海裡搖盪的海葵那樣，它是「長在」背部的。

它的足部是由脂肪組織形成的黃色壁膜，裡面有無數的血管通往小腸，負責供應小腸所需的養分。這個黃色的壁膜就稱為「腸繫膜」。

再來看看大腸，大腸略比小腸粗，長度大約是一．五到二公尺。大腸的位置好比從腹部右下方畫一筆片假名的「ワ」似地，走向是順時針的方向。

和小腸不一樣，大腸有附在背部的固定區域和可以自由移動的區域。正因如此，我們才會用片假名「ワ」的形狀來形容它的形態（小腸大多是可以自由移動的形態，所以無法用辭彙來形容它的樣子）。

利用重力進行腹腔鏡手術

近年來，腹腔鏡手術已經變得廣泛和普及。所謂的腹腔鏡手術，就是在腹腔開幾個小孔來進行手術的方法。將細長的鏡頭插入腹腔內，讓腹腔內的影像在螢幕上呈現出來，外科醫生就可以一邊看著螢幕一邊進行手術。

外科醫生的手伸不進直徑五到十毫米的小孔裡。這時，先將一條長約十公分左右，名為「套管針」（Trocar）的管子插入小孔中，然後再將三十公分左右的細長工具插入套管內，進行操作。這個細長工具是特別為腹腔鏡手術設計的鉗子。

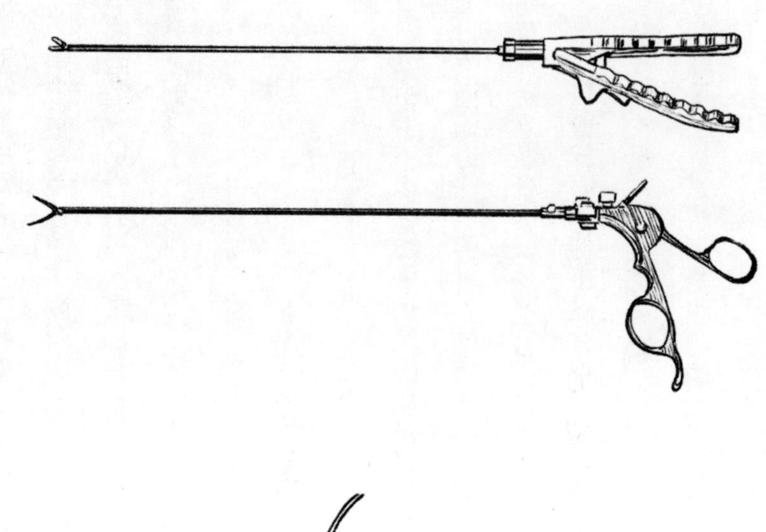

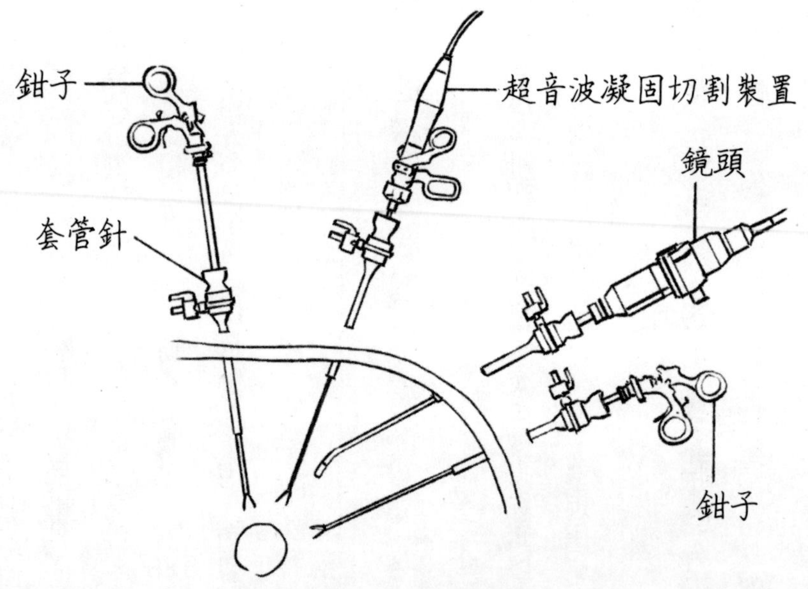

腹腔鏡手術專用鉗子（上）、腹腔鏡手術操作樣態（下）

這個鉗子的運作原理就類似機械手或是修剪高枝的長臂剪。用手操作讓遠離身體的另一端動作。另一端裝置的是各種類型的裝置，像是鉗子或剪刀等等。前面提到過電燒刀、超音波凝固切割裝置、手術自動縫合器等等，都屬於腹腔鏡專用的細長型裝置。隨著腹腔鏡手術的進步，人類也研發出了許多專用的工具。

事實上，腹腔鏡手術最重要的一點，就是善用重力的作用讓臟器移動。尤其是對骨盆深處的器官，像是直腸、子宮、膀胱、前列腺等進行手術時，手術床一定要向頭的那一端明顯傾斜才行。讓腹腔內的大量小腸往頭部的那邊移動，這樣才能確保骨盆內有可以作業的空間。施行腹腔鏡手術沒有辦法「用手將臟器撥開」，所以借助重力的作用就很重要。

在施行腹腔鏡手術時，依據手術臟器的不同，適當的體位、手術床的傾斜方向以及角度也會不一樣。要如何確保腹腔內有足夠的作業空間呢？提升手術的品質不單單只看切割、縫合的手術操作，這些相關的準備也很重要。

不容易創造出空間，與容易創造出空間的病患

事實上，有一些病患在很短的時間內就可以輕易創造出手術的作業空間，但也有一些病患需要耗費時間，很難創造出空間來。換言之，「創造手術作業空間的難易度」是因人而異的，

其中最大的影響因素就是「內臟脂肪的含量」，因為肥胖的人和纖瘦的人內臟脂肪的含量有很大的差別。

肥胖的人體內充滿著大量的黃色內臟脂肪，有時候甚至會遇到要動手術的臟器被脂肪掩蓋，一開始連看都不容易看見的情況。至於纖瘦的人，因為內臟脂肪的含量少，所以也容易創造出手術的作業空間。即使是進行同樣的手術，內臟脂肪含量多的人就會比內臟脂肪含量少的人多花好幾個鐘頭的時間。

說個題外話，外科醫生在進行手術前經常被問道：

「可不可以順便把肚子裡的脂肪也一起取出來啊？」

對此，我總是向他們解釋，很遺憾無法照期望般把脂肪去除。因為內臟脂肪不是像豬油那樣獨立存在的油，也不是那種用勺子就能挖出來的東西。

內臟脂肪或脂肪組織包圍著臟器，等同於臟器的一部分。脂肪組織內布滿了大量血管，為臟器提供養分。

舉例來說，想像一塊放了豐富餡料的關西風味大阪燒，如果想要留著餡料單單把麵糊拿掉，困難程度有多高。餡料就是臟器，麵糊就是脂肪組織。

另一方面，如果是「只把一隻蝦子取出」就沒那麼難了，這就相當於摘除臟器。在一般手術中，當摘除的臟器很多時，會將周圍的脂肪組織一併摘除。這和使用大阪燒專用煎鏟把蝦子和周圍的麵糊一起切掉的情形相同。

換言之，在摘除臟器的時候的確會去除一部分的內臟脂肪，但那些去除的量並不到「想要變瘦的人」期望的那種量。

腹腔鏡手術的歷史與進步

以前在很多人的印象中，都覺得腹腔鏡手術是「最先進的治療」，但近幾年已經來到可以稱它為「標準治療」的時代了。譬如說，日本的大腸癌手術有八〇％以上都是使用腹腔鏡進行的，膽囊手術更是高達九〇％以上(12)。

腹腔鏡手術的優點不僅僅是傷口小，醫生可以一邊看著高度精密的攝像鏡頭近距離照出的放大影像一邊動手術，也是腹腔鏡手術的一大優勢。而且攝像鏡頭可以潛入深奧狹窄的空間，將肉眼難以看清的樣貌鮮明地映攝出來。

換句話說，腹腔鏡不僅僅對病患有利，對外科醫生而言也是助益很大的工具。正因為如此，腹腔鏡手術才會如此地普及。

醫學史上第一位做實驗在腹部開孔，從小孔窺視身體內部的人，是德國外科醫師喬治・凱林（Georg Kelling），時間是一九〇一年(13)。他在小狗的腹部開個小孔，並送入空氣讓腹腔膨脹起來，成功地用攝像鏡頭觀察腹腔內的狀況。

凱林在學會發表這項技術，宣告將來開腹手術註定會被腹腔鏡手術所取代，他真是慧眼獨具。不幸的是，一九四五年第二次世界大戰結束時，盟軍對德國發起空襲，凱林在德勒斯登的一場轟炸中去世，他對未來的願景在之後的多年都沒有實現。科學技術並未趕上他的腳步。其中一個障礙就是光源。想要在使用攝像鏡頭觀察體內的同時進行手術，強烈的光源是必備的要件，因為身體內部整個都是漆黑的。不僅是腹腔，包括鼻孔、喉嚨深處或是肛門等等，從外界剛進入身體的那一刻，因為沒有光源，什麼都看不到。

當初是在細長的內視鏡前端裝設燈泡，靠它照明身體內部。攝像鏡頭是要穿過小孔插入體內的，所以內視鏡一定要設計得非常細長才行，想當然爾，裝在前端的燈泡也是又小又暗。

正如同字面上的含意，德國醫療器械製造商卡爾史托斯（KARL STORZ）為這個困境帶來了一道曙光。一九六〇年，卡爾史托斯公司成功研發出革命性的光源，改變了內視鏡的歷史。

卡爾史托斯公司運用的原理，是利用強烈的外部光源進行反射，讓反射光通過細長的管子在末端映照出來。這個技術被稱為「冷光源」，它比燈泡亮得多，而且在安全考量方面還有「不會發熱」的優點。

會發光的工具本來就會「發熱」，這是常識，燭火、燈泡和螢光燈也是同樣的道理。但是，在人體內部使用的內視鏡一日釋放出高溫，可能會因灼傷或其他原因損壞臟器，冷光源就可以迴避這樣的風險。

這項技術終於讓外科醫師能夠在明亮、清晰的視野下安全地進行手術。卡爾史托斯公司迄今仍是手術內視鏡的領導製造商（14）。

另一個障礙就是出血。即使可以透過明亮的視野觀察腹腔內部，但沒有一種技術可以從小孔控制臟器或血管被切開、剝離時造成的出血。在這種情況下，要安全進行手術是不可能的。因此，德國婦產科醫生，同時也被譽為「腹腔鏡之父」的庫爾特・席姆（Kurt Semm）醫師，陸續研發出可以止血、引流血液的腹腔鏡專用裝置。席姆於一九七〇年代研發的多種裝置，開啟了醫療界的革命篇章。在此之前以「診斷」為主要目的的腹腔鏡，開始被應用在「治療」方面。

從檢查到手術，腹腔鏡的地位開始產生巨大變化。

一九八〇年，席姆是世界上第一位成功用腹腔鏡手術切除盲腸的人。當時有許多人都不贊同這種增加手術難度的冒險行為，外科醫師對席姆的批評也非常嚴厲。但是，時代的洪流並不會就此停止。一九八七年，法國外科醫師菲力浦・毛利特（Phillipe Mouret）進行了全世界首次的腹腔鏡膽囊切除手術，之後腹腔鏡也陸續被應用在其他的臟器手術中（13）。

這些進步的背後，是影像技術和手術設備性能的大幅提升。隨著科學技術的進步，腹腔鏡手術已被廣泛地採用。

席姆

順帶一提，在現代的腹腔鏡手術中，一開始會先將二氧化碳導入腹腔，讓腹腔膨脹再進行手術，這是為了創造出足夠的手術作業空間。

為什麼是二氧化碳呢？其實是因為二氧化碳容易溶於血液中，而且可以經由肺臟快速被排出體外。此外，在人體內部使用會產生火花的裝置，例如電燒刀等等，必須要使用非易燃氣體才行，這也是選擇二氧化碳的重要因素。其實，在一九六〇年代開發出第一台二氧化碳導入裝置的人，也是「腹腔鏡之父」席姆。

為什麼他能夠這樣接二連三地推出這麼多新的設備呢？

事實上，席姆的父親和哥哥經營了一家醫療設備製造公司。與過去的傳統手術相比，腹腔鏡手術有很大的程度得依賴醫療設備的進步。和其他外科醫生相比，席姆在這個領域擁有絕對的優勢。

由機器人驅動的全新外科學

美國陸軍和遠距手術

到了二十一世紀，手術有了更進一步的改變，那就是機器人支援手術的普及。

一九九四年，美國的 Computer Motion 公司依據外科醫生的指示，開發出世界第一個可以操作攝像鏡頭的手術用機器人「AESOP」（Automated Endoscopic System for Optimal Positioning）（15、16）。一般的腹腔鏡手術，是助手拿著攝像鏡頭照著施行手術的醫生想要看到的地方，而 AESOP 的機制，是讓機械手臂拿著這個攝像鏡頭。

當手術醫生下達指令，鏡頭就可以上下左右地自在移動。因為機械手臂不會晃動，所以視野更加穩定，除此之外，還有可以減少人力的好處。

目前已在全球廣泛使用的主從式手術支援機器人，是從 Computer Motion 公司的「ZEUS」開始的。所謂的「主從」，是「主人」（master）和「奴隸」（slave）的複合詞。機器人的主從模式，是指機械手臂（奴隸）完全照著人（主人）用手操作的動作而進行動作。（＊「主從」這個用語因為帶有歧視性，經常產生爭議）。

ZEUS將全新的概念導入手術中，坐在操控台上的外科醫生可以完全依照自己的意念操控機械手臂，在二〇〇一年得到美國認可。但是，後來在全世界普及的手術支援機器人卻不是ZEUS。

一九八〇年代後半，美國陸軍與史丹佛研究所開始著手研發另一種手術支援機器人，當初的目的是為了在戰場上進行遠距手術。

一九九五年，直覺外科（Intuitive Surgical）公司成立，新的主從式手術支援機器人誕生，它就是「達文西外科手術系統」（da Vinci Surgical System）。以文藝復興時期天才達文西命名的這款機器人，擁有3D監視器和操縱靈活度高的手臂，可以真正實現「直覺」（intuitive）的移動。而且，它的防手震功能以及「人手移動三公分，機械手臂移動一公分」的動作細緻化功能，可以達到更精細的操作。達文西手臂在許多方面更優於ZEUS。

二〇〇三年，Intuitive Surgical公司購併了Computer Motion公司，以數千項專利贏得全球約七〇%的市場占有率，晉升為市場霸主。近年來，它以一己之力領導著這個預估價值約十兆日圓的市場。

在日本，隨著保險涵蓋範圍的擴大，機器人支援手術的數量也正快速增加中。迄今為止，日本全國已經施行了五百台以上的機器人支援手術，和二〇一七年相比，胃部手術增加了大約十倍，直腸手術增加了約二十倍（二〇二一年），機器人支援手術正以驚人的速度日益普及(17)。

源自於手塚治虫

不過，近年達文西手臂主要的專利期限即將屆滿，目前約有三十家公司爭奪這塊大餅，可謂是群雄割據的態勢。在日本，製造工業用機器人的先驅川崎重工和生產醫療器械的希森美康集團（Sysmex Corporation）也共同合資，在二〇一三年成立了Medicaroid公司，該公司研發的手術支援機器人系統「hinotori Surgical robot system」，於二〇二〇年取得製造及販售許可。這套系統與達文西手臂相同，也是外科醫生坐在操控台（被稱為「醫生手術控制台／surgeon cockpit」）遠端操控機器手臂的主從式機器人手術系統。這個命名的由來，是漫畫家手塚治虫的作品《火鳥》。

手術支援機器人的普及，不僅為手術操作帶來了重大的改變，也對外科學產生巨大的影響。機器人透過累積的大量手術資料從中學習，對外科醫生的表現提供回饋，並導航手術操作，這些正大大地改變手術的執行方式。

近年來，科技的突飛猛進讓我們的生活以驚人的速度演進。與此同時，外科學也藉由與科技的結合加速發展中。

身處於這個時代的外科醫生已經意識到外科手術與科技的高度關聯。科赫和哈斯泰德這些曾經在外科手術領域開拓耕耘的巨人們就不用說了，就連為腹腔鏡手術奠定基礎的席姆也想像不到會有這樣的未來吧？

我們現在正站在最前線，親眼見證外科史上最快速成長的時刻。

第5章

危害人體的致命威脅

讓我們生病的東西千百種，

健康的身體卻只有一個。

卡爾・路德維希・伯恩（Karl Ludwig Börne）

（藝文評論家）

悲慘的病毒漏洩事件

最後一個死於天花的人類

一九八〇年，世界衛生組織（WHO）宣告天花已經徹底滅絕。這是人類歷史上第一次有一種病原體徹底從世界消聲匿跡，這是疫苗普及而導致的結果。

人類一旦感染天花，死亡率高達二〇～五〇％，單單在二十世紀，估計就造成了超過三億人口死亡，而今這種病毒已在自然界絕跡[1、2]。目前只有美國和俄羅斯的研究機構因為研究的目的，還保存著天花病毒樣本。

歷史上最後一個死於天花的人是一位女性，她和其悲慘的意外在世上廣為流傳，那是距離WHO宣告天花絕跡的兩年前發生的事。

在英國伯明罕大學解剖學教室從事醫學攝影工作的四十歲女性珍妮特・帕克（Janet Parker），在一九七八年八月突然感覺身體不適。她的症狀是頭痛、肌肉疼痛，而且全身嚴重出疹子。住院後，她的主治醫生拿到了令人吃驚的檢查報告，帕克的體液中被驗出天花病毒。

當時全世界幾乎都已經沒再出現感染天花的病例。一九七一年，天花已在南美洲絕跡，並在一九七五年從亞洲消失。一九七七年十月，索馬利亞一名醫院員工是最後一位得到天花的人，之後全世界就再也沒有出現任何病例（3）。

天花沒有特效藥。帕克在感染天花後的一個月，也就是該年的九月在隔離病房中去世。除了全身包裹著防護衣的醫護人員之外，她誰也不能見，就這樣孤孤單單地迎來了生命的終點。

為什麼帕克居住在先進國家的大都市裡，卻感染到了在大自然中應該已經幾乎不存在的病毒呢？這實在是想不到的意外（4）。

她所在的解剖學教室下方，是微生物學教室的實驗室。實驗室裡負責天花病毒研究專案的亨利・貝德森（Henry Bedson）教授急於求得成果，因為眼看就快要宣告天花病毒滅絕的消息了，研究天花病毒的機構正一個接著一個被迫關閉。根據WHO的方針，保存天花病毒樣本的研究室要盡可能地減到最少。

貝德森是一位充滿熱情的病毒研究學者，他曾經前往中東等危險地區進行研究，如此專心致力地研究病毒，目的就是要消滅天花。他向WHO申請，並得到許可，可以繼續進行研究幾個月的時間，直到一九七八年年底為止。

意外就是這時發生的。從實驗室漏洩的天花病毒，一不小心侵入了帕克的身體。就地理位置來看，應該是病毒通過排氣孔跑到了實驗室正上方的解剖學教室，但確切的原因為何，沒有人知道。不管怎樣，帕克倒楣地感染了研究室裡的天花病毒，這是事實。

調查結果出爐後，被問責的貝德森成了眾矢之的。內心煎熬的他，於一九七八年九月在家中割喉自殺。這個悲慘的事件撼動了全世界的研究機構，也成為了改善機構安全措施的重要契機。

現在，存放病原微生物的所有實驗室，一定要滿足極高規格的嚴格標準才行。畢竟它們是危及人類生命的外部敵人，而且我們無法靠肉眼知道它們的存在，甚至想躲也沒辦法躲。

改變世界的傳染病

應該沒有一種傳染病，像天花那樣對人類的歷史帶來如此重大的影響，有時候，致命傳染病的威力甚至比大國的軍事力量還要強大。

在十五世紀的大航海時代，歐洲人「發現」了美洲新大陸，原住民的國家被一一消滅。趁他們不注意的時候，威力遠勝於槍炮馬匹的強大「武器」也被帶了進來，那就是病毒。

曾在南美洲盛極一時的阿茲特克帝國和印加帝國，是擁有數百萬人口的強大國家。然而，在十六世紀前半，它們卻被西班牙人法蘭西斯克．皮薩羅（Francisco Pizarro）以及埃爾南．科特斯（Hernán Cortés）所率領的小軍隊所征服。

為什麼會發生這樣的結果呢？最主要的原因之一，就是西班牙人帶進來的天花病毒(5)。從來沒有接觸過外界的原住民對病毒毫無抵抗力，人口因為感染天花而大量減少，已經失去了戰鬥力的帝國就這麼輕輕鬆鬆被征服了。

天花以雷霆之勢在新大陸蔓延開來，奪走了成千上萬人的生命。僅僅萬分之一毫米的微小物體，卻擁有足以改變世界勢力版圖的破壞力。不，倒不如說人體竟然如此脆弱，或許這樣的說法才正確。

有了疫苗的天花

天花是感染了屬於痘病毒科的天花病毒而造成的傳染病。痘（pox）這個字在拉丁語中的意思是斑點，因為天花患者全身會出現特殊的斑疹而命名。

天花也是醫學史上第一個成功研發出疫苗的傳染病。研發出天花疫苗的人是英國醫生愛德華．詹納，時間是十八世紀。

當時，人們當然不知道病毒的存在。在那個時代，人們根本不知道微生物是造成疾病的原因。不過，所有人都從經驗中得知了一個事實。

如果能僥倖從天花中存活下來，就永遠不會再得到天花。真是不可思議的現象。這是因為身體對特定的疾病已經產生了抵抗力。如果有一種方法可以讓身體在不生重病的情況下就獲得抵抗力，就再好也不過了。

於是，詹納把注意力放在了名為牛痘的疾病上面。

牛痘是由牛隻傳染的疾病，得到牛痘的病人身體也會出現類似天花的疹子，但症狀要輕微得多。不過，得過牛痘的人也不知道為什麼就不會得到天花。生長在酪農地區的詹納從小就知道這個事實。

經過一番周折，詹納有了一個想法：如果讓健康的人接種牛痘病患的膿，是不是就可以對天花產生抵抗力了？

當時還沒有預防接種的概念，詹納的這種想法實屬異端。把這個方法（就是所謂的「種痘」）用在兩、三個人身上，並在一七九八年發表研究結果的詹納，淪為了醫學界的笑柄，沒有人相信這樣做真的有效。

「如果種了痘就會變成一頭牛」，這種沒有根據的謠言開始傳開來，英國一名諷刺作家畫了一幅著名的漫畫，後來還被收錄在免疫學的教科書中。在這幅諷刺漫畫中，站在中央、表情嚴肅的醫生，正試圖強迫女性注射。被嚇得花容失色的女性，周遭圍著鼻子或手腕長出牛臉的人，以及嘴巴裡跑出牛隻的人，他們全都在痛苦地呻吟。這是在嘲諷詹納的理論。

然而，當了解種痘的確有效之後，人們就再也無法否定詹納的研究成果。種痘在全世界普及，得到天花的病患人數急遽下降。

肉眼看不見的威脅

一氧化碳的可怕

由日本經濟產業省發行的《防止一氧化碳中毒指南》教科書中，列出了關於一氧化碳中毒「即便是專家也有可能誤診」的注意事項（6）。

事實上，急診醫學教科書上總是有大篇幅的詳細說明，再三地教育醫生們，一氧化碳中毒是一種「容易被忽略的緊急狀況」。

為什麼容易被忽略呢？這是有原因的。

第一點，是一氧化碳中毒的病人體內氧氣不足但卻「臉色紅潤」。當我們氣色不好時，所呈現出來的狀態是臉色發青發白，如果臉色呈現適當的紅潤狀態，我們就會抱持著「臉色好」、「氣色佳」的正面印象。因此，第一眼看到一氧化碳中毒病患的紅潤氣色，很難會聯想到這是不正常的。

那麼，為什麼一氧化碳中毒的病患會「臉色紅潤」呢？

要了解這其中的原因，必須要先知道氧氣是如何在體內運送的。

我們要藉由呼吸從空氣中吸取氧氣才能維持生命，因為必須透過氧氣產生能量，才能使全身的臟器正常運作。

氧氣從口鼻進入身體，從肺臟進入血管中，再順著血流送往全身各處。可是，氧氣並不是自己在血管內移動的。血液中的紅血球可以稱為「運輸車」，它透過遍布全身的「高速公路」，也就是血管，被運往身體各處。

紅血球中含有一種名為血紅素的成分，透過與氧氣的結合與解離，可以「裝載」氧氣或「卸下」氧氣。換言之，血紅素可以說是運輸車的「車斗」。

再者，結合了氧氣的血紅素（氧合血紅素）與沒有結合氧氣的血紅素（脫氧血紅素），顏色其實是不一樣的。氧合血紅素呈鮮紅色，而脫氧血紅素則是呈現有點發藍的暗紅色。含氧豐富的動脈血液呈鮮紅色，而含氧量少的靜脈血液呈暗紅色，就是這個道理。

當氧氣含量不足的時候，皮膚會泛白發青，就是所謂的「發紺」。這是因為血液中脫氧血紅素增加，皮膚透出微血管血液的藍色，才會造成這樣的現象。

一氧化碳的可怕之處，在於它與血紅素的結合力是氧氣的兩百倍。就算只吸入少量的一氧化碳，血紅素也會不斷地與一氧化碳結合，一瞬間，血液裡就會充滿了一氧化碳，「車斗」被塞滿了一氧化碳的紅血球就無法再運送氧氣了。

麻煩的是，與一氧化碳結合的血紅素顏色是鮮紅色的，這就是一氧化碳中毒的病患會臉色紅潤的原因。在這種「窒息」狀態下，臟器嚴重缺氧，但臉色卻仍然紅潤。

更糟糕的是，顯示血氧飽和度的「SpO_2」指標也偵測不出一氧化碳中毒。

「脈衝式血氧機」（Pulse Oximeter）是一種只要裝在手指上就能簡單測出血液中氧氣飽和度的檢測儀器，SpO_2是使用它所測得的數據。它和血壓計以及體溫計一樣，都是每天在醫療現場會使用到的監測儀器。

這個儀器可以檢測出手指血管中血液的氧合血紅素含量，並以「百分比」的數據呈現。正常值約九八～九九％，換言之，「幾乎所有的血紅素都與氧氣結合在一起」才是正常的狀態。

脈衝式血氧機的運作機制，是感測血液中「紅色的差異」（對於特定光譜的吸收會隨著含氧量不同而改變的特性），來簡單地測得氧氣的飽和度。可是脈衝式血氧機無法區別一氧化碳結合的血紅素以及氧合血紅素，即便是一氧化碳中毒的情況，它測得的數據也是正常值。

要診斷一氧化碳中毒，唯一的辦法就是採取血液，檢測血液中一氧化碳的濃度。如果沒有存疑，就檢查不出來，這就是它之所以「容易被忽略」的原因。

一氧化碳中毒的症狀

空氣中的一氧化碳濃度	吸入時間與中毒症狀
0.02％	2~3小時輕微頭痛
0.04％	1~2小時頭痛、想吐
0.08％	45分鐘頭痛、頭暈、想吐，2小時昏迷
0.16％	20分鐘頭痛、頭暈、想吐，2小時死亡
0.32％	5~10分鐘頭痛、頭暈，30分鐘死亡
0.64％	2~3分鐘頭痛、頭暈，15~30分鐘死亡
1.28％	1~3分鐘死亡

一氧化碳吸入時間與中毒症狀

空氣中的一氧化碳就算濃度不高，也會引發人體的各種症狀。即便濃度只有〇．一六％，吸了二十分鐘就會感到噁心和頭暈，兩個小時就會導致死亡。若濃度達到一．二八％的話，僅僅一到三分鐘就會致死（6）。

一氧化碳是在住家或車內等熟悉空間都會產生的氣體，一氧化碳中毒的意外每年不斷發生，最常見的例子就是暖爐或暖氣設備燃燒不完全。也有一些是把本來應該在戶外使用的炭爐、爐灶或是火爐等烤火器具拿到室內使用，而造成一氧化碳中毒的案例。

二〇二二年十二月，日本媒體報導了一則女性死於自小客車內的案例。因為積雪，汽車的排氣管被掩埋，換氣不完全，導致車內一氧化碳持續累積。當地從前一晚就停電了，據推測，她應該是在自家前的車內取暖時發生了這起意外。

在東京消防廳的管轄範圍內，自二〇一七年起的五年間，就有三十三起一氧化碳中毒意外在住宅內發生，有四十五人被急救送醫。發生最頻繁的月份是一月和十二月，其次是二月，因為這是最常使用烤火器具的時節（7）。

一氧化碳對人類的威脅比什麼都大，因為它完全無色無味。如果它有怪味，或是飄著顏色奇怪的煙，我們就可以留心它的危險性。可是一氧化碳沒有臭味，用肉眼也看不到。

當然，生命不可或缺的氧氣也是無色無味的，我們也沒有方法可以感知它的存在。就某種意義上說，人類的生命就是如此危機四伏。

長久以來未被察覺的肺癌風險

急速增加的肺癌病例

英國統計機構在一九四七年查覺國內出現一個令人不安的現象，那就是：肺癌造成的死亡案例，在最近的二十年內正以十五倍的速度持續增加中（8）。

不明原因的疾病正來勢洶洶地威脅國民健康，必須要盡快採取對策才行。於是專家們齊聚一堂召開會議，列出各種可能的原因。對於空氣污染、排放廢氣、瀝青材料、流感、缺乏日曬等等的原因都一一檢視驗證，卻找不到一個決定性的關鍵。

為了探求肺癌的危險因子，英國的流行病學家奧斯汀・布瑞佛・希爾（Austin Bradford Hill）連同醫師理查・多爾（Richard Doll）開始著手研究。他們在倫敦的二十家醫院對住院的病患進行問卷調查，希望能找出肺癌病患和非肺癌病患之間的差異（9）。

癌症原本就是結合多種複雜因子產生的疾病，大家普遍認為它不會單純地由某個特定原因所造成。然而，調查的結果卻呈現出一個毫無疑問的事實。肺癌有一個顯而易見的危險因子，就是吸菸。

一九五〇年，希爾和多爾在權威醫學雜誌《英國醫學雜誌》（*British Medical Journal*）發表這項研究結果，並進一步進行大規模的調查計畫「British Doctors Study」（10．11）。那是一項巨大的研究計畫，他向英國國內約六萬名醫生發送調查問卷，把回覆問卷的大約四萬人分為吸菸者和不吸菸者，然後追蹤兩組中各有多少人死於肺癌。

這個研究計畫以醫生為對象，真是一個絕妙的好主意。英國醫生的名字全都登記在醫生名冊中，只要繼續執業，名冊就一定要持續更新。換句話說，以醫生為調查對象，可以很容易地追蹤他們是否死亡。而且，由醫生自己報告吸菸習慣，可信度會較高。英國醫生是各方面條件都具備的「受驗者」。

希爾

多爾

於是，這個研究結果在一九五四年被公布在《英國醫學雜誌》上。結果令人震驚，長期吸菸者每年因肺癌死亡的比率，竟然高出非吸菸者的四十五倍之多(11)。

在此之前，人們對吸菸的危害知之甚少，看得到的只有一些零星的報告而已。甚至長年以來，香菸一直被宣傳成「有益健康」的商品。

然而希爾和多爾的警告揭開了序幕，相關的研究開始陸續進行，研究結果接二連三地發表在醫學雜誌上。每一項研究結果都顯示肺癌和吸菸之間有明確的關聯性。

不同於單一病原體所引發的傳染病，疾病歷經數十年的慢性發展過程才發作，這不單純。它必須運用統計學的方法，設法找出貢獻度最大的主要危險因子。

事實上，從那個時期到現在大約半個世紀的時間，是流行病學取得重大進展的時期。所謂的流行病學，是以大量人口為研究對象，找出各種健康相關事件的頻率與分布，以及造成影響的因素，是一門有助於擬定群體對策的學問。

舉例來說，佛萊明罕心臟研究就是最典型的範例，它徹底追蹤多達五千名居住在波士頓（Boston）郊外佛萊明罕小鎮（Framingham）居民的健康狀況，是有史以來首次證實高血壓、糖尿病和高膽固醇等等是心血管疾病危險因子的研究。

這個時代的流行病學家們拚命鑽研有效的方法理論，來探究慢性疾病的危險因子，並找出它們與疾病的關聯性。為了證實菸草對人體有害所付出的努力，在這股潮流中得到了成果。

菸草是如何普及開來的？

菸草是使用茄科菸草屬植物為原料製作而成的嗜好品，最常見的種類是「Nicotiana tabacum」。它的學名「Nicotiana」（菸草）或是名為「Nicotine」（尼古丁，俗稱菸鹼）的成分，都是因十六世紀讓菸草在法國盛行的法國外交官詹・尼古（Jean Nicot）而得名。

菸草源自於「新大陸」。一四九二年，探險家哥倫布（Christopher Columbus）所率領的探險隊發現了美洲新大陸，第一次看到原住民之間廣為流行的怪異習慣。他們燃燒菸草的葉子「吸菸」，把菸草的葉子放入口中「嚼菸」，把磨成粉末的葉子吸入鼻腔「嗅菸」，用各種不同的方式享受菸草帶來的樂趣。

尤其是「吸菸」的方式，有用菸草葉子捲成的葉捲，用玉米皮等捲成的菸捲，使用管子吸食的菸斗等等，有不同類型的吸菸方式，這引起了歐洲人的注意。

後來，菸草隨著玉米、馬鈴薯等農作物從新大陸傳播到世界各地，許多地方都有栽種。

再進一步來到十九至二十世紀期間，隨著紙捲菸（香菸）已經能夠大量生產，菸草的使用在世界各地爆增，全面普及。這背後的原因是吸菸者對尼古丁的病態依賴。當血液中的尼古丁含量低於某個水平時，吸菸者會感到強烈的不適，所以他們不斷地吸菸。他們吸的菸越多，身體對尼古丁的依賴性就越強，這樣的惡性循環支撐著香菸在全球各地的銷售業績。

菸草的銷售業績呈現爆炸性的增長，大型企業更如雨後春筍般相繼竄出，一個嶄新的龐大市場儼然成形。在二十世紀中葉的美國，香菸的年產值高達約五十億美元，每人一年的平均消費量是四千根，菸草市場膨脹到了前所未有的規模（8）。

希爾和多爾的研究就是在這樣的時代下進行的。當然，對於以所向披靡之勢急遽成長的菸草產業來說，「吸菸對健康有害」這種事是絕對不允許存在的。

菸草產業投入巨額的廣告費，用猛烈的攻勢來遏止這股浪潮。他們讓醫生出演香菸廣告，主張吸菸的安全性，並巧妙地試圖否定研究結果，以免引起消費者的焦慮和恐懼。

然而，這股浪潮並沒有就此停住。因為迄今為止，已有許多的研究都證實了菸草帶給人體的可怕危害。

菸草中含有大約七十種致癌物質，會引發十六種癌症。吸菸者得到肺癌的機率是一般人的十五到三十倍，壽命會減短十年，相當於每吸一根菸，壽命就減少了十一分鐘(12~14)。

而且吸菸會引發支氣管炎，破壞肺泡，演變成慢性阻塞性肺病（COPD）時，一旦發生就沒有任何方法可以逆轉。嚴重的氣喘會使日常生活都變得困難。

不僅僅是吸菸者本身，在吸菸者周遭接觸二手菸的被動吸菸風險，也已獲得證實。即使是不吸菸的人，因為接觸二手菸而導致肺癌、腦中風、冠狀動脈疾病（心肌梗塞或狹心症）的風險，會增加二〇到三〇％(15)。

對接受手術治療的病患而言，吸菸也會變成莫大的風險。吸菸者在手術後容易引發肺臟或心臟方面的疾病（呼吸器官、循環器官疾病），手術後的死亡率也比非吸菸者要高。吸菸也會提高傷口感染的風險。總之，菸草的危害就是如此之大。

日本也颳起吸菸旋風

一九六〇年代，日本男性的吸菸人口比例大約是八〇％。今人驚訝的是，在一九六六年達到高峰的八三．七的吸菸人口比例中，四十多歲男性是吸菸人口最多的年齡層，比例超過八七％(16)。從來沒有見過其他種類的嗜好品會受到這麼多人的喜愛。

當時電車或是巴士裡面有菸灰缸是理所當然的。一九六四年（昭和三十九年）開始營運的

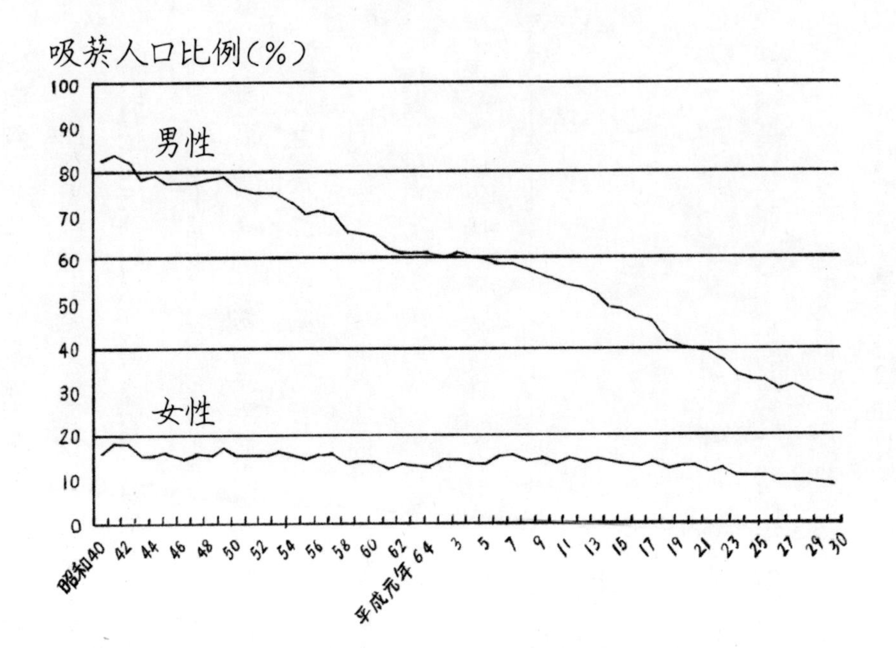

日本人的吸菸人口比例

新幹線也一樣，全部車廂內皆可吸菸。以前飛機客艙也一樣設有吸菸座位，直到一九九九年左右，機艙內全面禁菸才開始成為常規。

學校教職員辦公室、醫院、餐廳、電影院等等，所有的場所都有許多人吸菸。電視機裡也播放著各種不同品牌的香菸廣告，時下當紅明星吞雲吐霧的悠然姿態，讓年輕人憧憬不已。

然而，和世界的趨勢一樣，吸菸人口的比例逐年地減少，日本二〇一六年（平成二十八年）的男性吸菸人口比例，首次下降到三〇％以下(16)。男女合計的吸菸人口比例如今已減少二〇％。日本直接禁止播放香菸廣告，在公共場所中也極度地限縮可以吸菸的空間。

在人類歷史中，吸菸的潮流從爆發性蔓延直到戲劇性平息，這一切短暫得令人錯愕。回顧這段歷史，就可以了解醫學為了保護人體所做的努力。

將生命破壞殆盡的光線

東海村的核能事故

一九九九年九月三十日，有三位作業員被緊急以直升機送到日本千葉市的放射線醫學綜合研究所急救。他們受到急性輻射（又稱放射線）傷害，情況嚴重。起因是由於茨城縣那珂郡東海村JCO核燃料加工廠內發生的核輻射事故。

情況最嚴重的一位作業員，在事故發生之際，近距離曝露在遠超過致死量數倍的放射線中（中子射線輻射）。大量的輻射線穿透他的身體，他全身細胞核內的DNA被摧毀得支離破碎。在那一瞬間，所有的細胞都失去了分裂的能力，生命的藍圖已經消失。

事故發生後的第三天，被移轉到東京大學醫學部附屬醫院的集中治療室時，這位作業員的症狀輕得讓人覺得出乎意料之外。他全身看起來只有輕微的曬傷，連一個水泡也沒有，意識也很清楚（17．18）。然而，之後身體產生的變化卻只有慘烈二字可以形容。

輻射對細胞分裂活躍的區域造成莫大的影響，製造血球的能力完全喪失，被破壞掉的免疫系統再也無法運作。患者接受造血幹細胞（可以分化出所有血球的原始多能幹細胞）移植治療，進行造血幹細胞的移植，治療在無菌室中持續進行。

一旦老舊的皮膚剝落了，之後就再也長不出新的皮膚。身體表面流失掉大量水分和血液。覆蓋消化道表面的黏膜流失後也無法再生，導致持續地大量腹瀉和出血。即使身體每天透過十公升的點滴補充水分也趕不上，液體成分以驚人的速度從身體流失。

這次重大輻射污染事故是日本首次發生的類似事故，在全世界也幾乎是史無前例。病患的軀體以前所未見的情況惡化，生命力正逐漸流失，但醫護人員們仍舊拚了命地對抗、搶救。然而，在事故發生的八十三天後，病患還是因多重器官衰竭而去世了。那是一位年僅三十五歲的健康男性，有妻子和一位就讀小學三年級的兒子。這可說是醫學的極限。

隨後，JCO工作流程中馬虎的安全管理受到質疑，包括主管在內的六人因過失致死被判有罪確定。

在這起事故中，引起反應的鈾才僅僅〇．〇〇一克而已（18）。對於輻射這種肉眼看不到的威脅而言，人體真的是脆弱得不堪一擊。如果沒有基於正確的知識進行妥善的管理，我們永遠都無法保護好自己。

人類曾經對放射線一無所知

第一位發現放射線的人是德國的物理學家威廉．康拉德．倫琴（Wilhelm Conrad Röntgen）。一八九五年，在使用高電壓真空管進行實驗的他，偶然間發現奇妙的光線。從真空管發出的光線穿透覆蓋真空管的黑色厚紙板，微弱地映照在螢幕上。

當他用手遮住這道光線時，神奇的事情發生了。螢幕上映照出自己的手骨。在這一刻，窺探身體內部的技術就此問世。

他命名為「X光」的全新射線瞬間傳遍全世界。使用X光的檢查後來被稱為「放射線診斷」（roentgen examination），X光可以安全應用在人體上的方法就此確立。X光攝影檢查或是CT（computed tomography，電腦斷層掃描）等等利用X光的檢查項目，在醫療現場中已經變得不可或缺，診斷疾病的流程從此徹底改變。一九〇一年，倫琴獲頒諾貝爾物理學獎。

在倫琴這個歷史性發現後的第二年，一項令人驚訝的事實得到了證實：類似的光線存在於自然界中。法國的物理學家亨利．貝克勒（Henri Becquerel）發現和鈾礦石放在一起的感光底片會自然感光。受到倫琴論文啟發的貝克勒，確信這是由鈾礦石自行發出的輻射。

鈾是十八世紀時在礦山發現的元素，以同時期恰好發現的行星天王星（Uranus）來命名（鈾的英文名為Uranuim）。不過，貝克勒是第一個發現鈾是放射性元素的人。現在表示放射性強度的國際單位「貝克勒爾」（Becquerel, Bq），就是以他的名字命名的。

之後到了一八九八年，波蘭裔物理學家瑪麗・居禮（Marie Curie，又稱居禮夫人）和丈夫皮耶・居禮（Pierre Curie），一起發現了存在於自然界的新的放射元素。

他們費盡千辛萬苦，從位在現今捷克共和國西部的賈奇莫夫（Joachimsthal）礦區的礦石中萃取出的元素，是釙（polonium）和鐳（radium）。

釙的命名由來是為了紀念瑪麗・居禮的祖國波蘭（Poland），而鐳的命名由來則是拉丁語的「光線」（radius）。此外，她還將發出放射線的特性命名為「放射性」（radioactivity）。在科學領域中開闢出全新篇章的貝克勒和居里夫婦，在一九〇三年獲頒諾貝爾物理學獎。

倫琴

不過，在當時，人們還不太清楚放射線對人體的危險性。甚至，閃耀著燦爛光輝的鐳還衍生出各式各樣的人氣商品。一九二〇年代，含有鐳的肥皂、美容乳霜

以及潔牙粉等等在市上販售，添加鐳的飲料被宣傳為有益健康。

這當中，位於美國紐澤西州的美國鐳企業還發生了一件全球皆知的重大事件。一九一七年，該公司開發了一種以鐳為基材的發光塗料，並應用在鐘錶及測量儀的儀表板上。自然發光的鐳在戰爭期間的夜間作戰場合尤其方便。在這個時期，美國製造了四百萬個以上的軍用夜光鐘錶(19)。

貝克勒

這種塗料的塗刷作業由年輕的女性員工負責。女性作業員會不斷地舔拭筆尖來整理筆刷，讓畫筆可以更精緻地替表面上色。這些塗料不斷地接觸她們的身體。在反覆曝露在輻射的情況下，身體產生了輻射傷害。顎骨壞死，舌部或頭部、下顎出現腫瘤。骨髓受損，引發慢性貧血或白血病等各種疾病，許多人因而死亡(20)。

當DNA因輻射受到損害時，細胞會透過修復機制修復這些損傷。若完全不能修復就會引發細胞凋亡，如果無法順利修復而繼續活著，有時細胞就會癌化，而且癌細胞會失序地增殖。

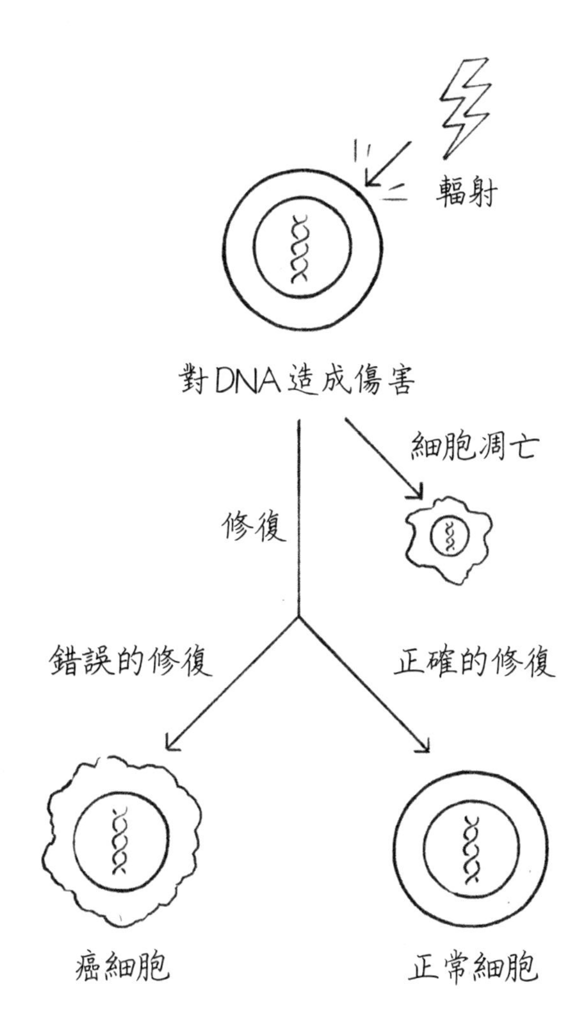

細胞因輻射而癌化

這是輻射造成的多種傷害中的一種。

瑪麗·居禮的貢獻與不幸病故

在第一次世界大戰的戰場上，瑪麗·居禮對治療傷者也有莫大的貢獻。它就是被命名為「小居禮夫婦」（petites Curies）的流動式X光機。

居禮夫人

倫琴發明的X光是十分有用的工具，它可以確認在戰爭中受傷的士兵哪裡骨折，還有殘留在體內的子彈或子彈碎片的確切位置。瑪麗·居禮自行將裝有X光設備的車輛引入戰場，在使用X光的攝影診療這方面竭盡心力。

然而，在一九三四年，瑪麗·居禮因骨髓受損所引發的再生不良性貧血，不幸逝世。一般普遍認為這是由於她多年來重複使用放射性物質進行實驗所造成的，不過近年來，有人認為她在第一次大戰期間頻繁身處在X光檢查現場，才是致病的主要因素（21、22）。

不論如何，再生不良性貧血症或是白血病等血液疾病，即使沒有受到輻射照射也會發生。

疾病與致病因素之間的因果關係本就不單純，即便是在醫學已經發展至此的現代也難以定論。

不管怎樣，在當時許多人的生命變短，想必有很高的可能性，是因為沒有做到現代醫療現場一定會採取的高規格輻射防護措施。

應用放射線的癌症治療

放射線治療是一種利用放射線對細胞造成的損害而衍生出的癌症治療方法。

如前面所述，我們的細胞裡有許多修復ＤＮＡ損傷的機制。為什麼呢？因為生活在紫外線等等的環境因素中，ＤＮＡ受損是稀鬆平常的事，如果沒有修復的機制，我們根本無法存活。或者應該這麼說，會損害生命藍圖ＤＮＡ的光線，每天都持續不斷地照射在地球上，擁有ＤＮＡ修復機制的生物才能在進化的過程中存活下來。

此外，在細胞分裂的時候必須要複製ＤＮＡ，而這個複製的過程也會有一定程度的錯誤。修復這些「複製錯誤」，也是這個機制要負責的任務。

另一方面，因為癌細胞的ＤＮＡ修復機能已經不完全，在受到放射線的傷害時，會比其他細胞更容易死亡。而且，癌細胞還有一個特徵，就是它的細胞分裂活動比正常細胞更活躍，也更容易受放射線的影響。放射線治療的概念就是利用這些差異，來達到治療癌細胞的效果。

放射線治療是透過用放射線從體外照射目標部位，給予會造成病變的高度能量，來破壞癌細胞。或者是將放射性物質置入體內，從靠近癌症的地方進行放射（近距離放射治療），或者是將放射性物質做成製劑施用，利用其特性集中在要治療的病變部位等等，有多種放射治療方式。

從十九世紀末到二十世紀初期，我們人類知道了放射線的全新概念，並了解它的特性。在這之間，許多人遭受放射線的危害，失去了生命。不過，在此同時，放射線的「診斷」和「治療」也拯救了許多性命，它已經成為醫療中不可或缺的存在。

回顧放射線的那段歷史，我體會到了人類的愚蠢和潛力。

一旦發作

就必死無疑的疾病

狂犬病奪走了許多生命

狂犬病致死率幾乎百分之百，這種傳染病被金氏世界紀錄列為世界上致死率最高的疾病（23）。

每年，全世界約有五到六萬人死於狂犬病（24）。大部分的病例都是因為被患有狂犬病的犬隻咬傷而感染的，不過，也有因貓、蝙蝠、狐狸和其他野生動物而感染的病例。幾乎世界各地都不斷地發生狂犬病的病例，許多人因此喪命。

可是，這個事實在日本並不廣為人知。雖然被小狗或小貓咬傷的人或許也不在少數，但沒有一位日本人每天生活在擔心得到狂犬病的恐懼中。因為日本是世界上少數幾個非狂犬病疫區的國家。

所謂非狂犬病疫區，是指狂犬病沒有擴散的區域。日本以外的非狂犬病疫區，只有冰島、澳洲、關島、紐西蘭、夏威夷和斐濟群島六個地區（25）。換言之，只有幾個島嶼國家和島嶼地區而已。

在日本不用擔心得到狂犬病，但這個事實並非來得理所當然。這是日本自一九五〇年頒布狂犬病防治辦法後，先人們冒著生命危險建立起來的珍貴環境。

日本在一九五〇年以前也有許多人死於狂犬病。不過，因為狂犬病防治辦法的施行，貫徹了家中寵物犬的登記和疫苗接種，一九五七年，狂犬病才得以撲滅。

在此之後，日本就再也沒有出現狂犬病的感染病例。一九七〇年有一人、二〇〇六年有兩人、二〇二〇年有一人，這幾個僅有的病例都是在國外被狗咬傷後在日本發病，並導致死亡的案例。

可是，要維持這種優越的環境並非易事，因為經常要面對感染狂犬病的動物入侵日本境內的風險。

動物檢疫所對於從海外入境的動物制定了相關的嚴密規則(26)。尤其是從非狂犬病疫區之外的地區帶入日本境內的貓狗，首先要在皮下植入微型晶片，然後要進行兩次以上的疫苗接種和抗體測試，在入境日本之前還必須等候一百八十天以上才行。

正因為有如此嚴謹的努力，我們在日本才能過著無須擔心狂犬病的生活。

西元前就很出名的狂犬病

狂犬病是一種由狂犬病病毒所引起的人畜共通傳染病。包含人類在內的所有哺乳類動物都有可能得到狂犬病，但人與人間不會互相傳播。而且狂犬病可以透過接種疫苗來預防。

狂犬病的特徵，是從被感染到發病的潛伏期長達一到兩個月。一旦發病就沒有治療方法，患者幾乎只能等死。此外，在狂犬病擴散的地區，如果被貓狗等野生動物咬傷，就有感染狂犬病的可能，為了預防發病一定要接受疫苗接種，這就是所謂的曝露後預防接種。

一旦踏出日本國境，狂犬病就是一種常見的疾病。了解在日本境外被動物咬傷會有怎樣的風險，是比什麼都重要的事。

狂犬病會引起各種症狀。一開始是發燒、頭痛、食慾不振以及嘔吐等類似感冒的症狀，再來就會變得興奮、錯亂、產生幻覺，變得有攻擊性。最後會呈現昏睡狀態直到呼吸停止而後死亡。

狂犬病的代表性症狀是「恐水症」，如同字面上的意思，就是「怕水」。狂犬病病毒入侵神經，使神經系統的功能受損。當要喝水時，神經因為變得過敏而造成咽喉部肌肉痙攣，病患對喝水這件事會變得害怕不已。

這種過敏反應就算只是吹到風也會引起，也就是所謂的「恐風症」。對於症狀的恐懼感會導致這些奇特的現象。

狂犬病從西元前就是廣為人知的疾病，據說古巴比倫的《漢摩拉比法典》中也有關於狂犬病的記載(27)。另外，在一世紀的古羅馬醫學書籍《醫學論》把這種疾病命名為「恐水症」（hydrophobia）(28)。自古以來，這種可怕的疾病就已經為人所知。

不過，在這幾千年的時間裡，人們一直不了解這種疾病的實際情況，也一直找不到預防的方法。到了十九世紀，狂犬病疫苗才被研發出來。這當中功勞最大的，當屬法國化學家路易・巴斯德。

發明狂犬病疫苗的救世主

每年的九月二十八日是「世界狂犬病日」，世界各國都會舉辦宣傳活動。這一天正是巴斯德的忌日。

十九世紀後半，巴斯德想效法之前的詹納，用同樣的方法來預防疾病。只不過，這次不像詹納使用牛痘那樣利用類似的疾病生成疫苗，他想研發人工生成的疫苗，這個願望在一次偶然中實現了。

一八七九年，巴斯德正在研究一種名為家禽霍亂的細菌傳染病(29)。家禽霍亂是一種經鳥類傳染，致死率有七〇%以上的家畜疾病(30)。巴斯德將家禽霍亂的病原菌注射到雞隻體內，記錄疾病的進程。

有一天，他指示助手將細菌注射到雞隻身上後就去休假了，但助手完全忘了這回事，過了一個多月，才幫雞隻注射細菌(31)。然而，這個失誤卻導致了意想不到的發現。這些原本會致命的細菌已減弱至只會引起輕微症狀，而雞隻已對家禽霍亂產生免疫。

以人為的方式取得病原體的傳染力，然後將它注射到人體中以獲得免疫力。這正是一直延用至今的疫苗的概念。

巴斯德接著將注意力轉向狂犬病。擔心巴黎狂犬病犬隻越來越多的獸醫師，拜託他進行相關的研究。

巴斯德採用和家禽霍亂一樣的方法，試著降低病原體的活性。這次他用的是兔子的脊髓。他將感染了狂犬病的兔子脊髓風乾，使其病原體的活性降到最低，進而創造出可以預防發病的疫苗。

當時人們還不知道病毒的存在。儘管如此，巴斯德仍然假設，某些比細菌小得多的某種病原體是導致狂犬病的原因。直到他死後，可以用來觀察病毒的電子顯微鏡發明問世，天才的直覺才得到證實。

一八八五年，巴斯德將狂犬病疫苗用在被狂犬病犬隻咬傷的九歲小孩身上，成功地救了他一命。這簡直就是奇蹟。之後有數百人因為狂犬病疫苗而獲救，這個成果為全世界帶來了莫大的衝擊。

狂犬病疫苗的研發讓巴斯德獲得了巨額的捐款，一八八七年，這筆基金被用來成立了研究中心，就是現在巴黎的巴斯德研究中心。

首度由巴斯德建構的疫苗概念，對免疫學產生了重大影響，像白喉、鼠疫、痲疹等致命疾病，後來都有預防的疫苗相繼問世。

恐怖攻擊使用的神經毒

東京地鐵沙林毒氣事件

一九九五年三月二十日，在日本東京發生了一起前所未有的隨機恐攻事件。被用來作為化學武器的沙林毒氣，在地下鐵的車廂內散布。

在早上八點左右的通勤尖峰時段，有人在丸之內線、日比谷線、千代田線等三條路線，共計五個車廂中同時釋放神經毒氣，造成十三人喪失寶貴生命、近六千人受傷的慘劇（32）。這次事件的策劃者是宗教團體奧姆真理教。大城市裡發生這種前所未有的化學攻擊事件，震撼了全世界。

沙林是一種有機磷化合物，是一九三八年納粹德國開發的化學武器。「沙林」（Sarin）這個名字，取自當時參與研發的四位納粹化學家姓名中的字母。

有機磷化合物是碳磷化合物的總稱，通常被廣泛應用在殺蟲劑或農藥等等。在實務上，有不少中毒患者是因為誤食殺蟲劑或農藥，或是用它來達到自殘、自殺的目的而被送往醫院急救。因此，有機磷中毒在急診範疇裡屬於藥物中毒中很重要的一部分。

有機磷化合物之一的沙林，之所以會對人體產生致命的毒性，是因為它的結構與在人體運作的神經傳導物質乙醯膽鹼相似。為什麼這種結構會危及生命呢？一旦我們知道神經系統在人體中如何運作時，就很容易理解了。

神經就像是遍布整個身體的鐵路網，透過它們，大腦可以不斷地向各個器官發送指令。之所以將神經系統比喻成鐵路網，是因為它們不是長長的單一纜線，而是由無數小鐵軌結合而成的結構。坐在火車上時，我們會感受到「咔噹咔噹」有頻率的震動，這當然是因為火車每隔一段距離就會通過鐵軌的接合處。

在神經系統中，神經細胞就相當於鐵軌。人體由三十七兆個肉眼看不見的微小細胞組成，其中負責傳遞訊息的神經細胞有個特別的名稱，叫做「神經元」。

另一方面，就像鐵路線上有鐵軌接點一樣，神經元和神經元之間也有接點。這個接點稱為「突觸」，而神經元之間的空隙稱為「突觸間隙」。

請試想一下，如果把有線耳機的線從中間剪斷，就聽不到音樂了，因為信號無法通過已經中斷的傳輸線。

那麼，信號是如何跨越神經元與神經元之間的空隙呢？這就是神經傳導物質的功用。神經傳導物質是一種微小的化合物，它們會像無數的飛腳一樣在這些縫隙移動。動物在進化過程中創造出了令人驚奇的精密系統。

神經元的構造與傳導機制

神經元擁有特殊的結構，它是由名為「細胞體」的部分，以及從細胞體產生的，被稱為「樹突」和「軸突」的兩種突起所組成。軸突的末端有被稱為「突觸囊泡」的囊袋，從這些囊泡釋放出來的神經傳導物質，會與鄰近神經元上的受體結合，進而達到傳遞資訊的作用。

神經傳導物質的作用不僅限於神經元與神經元之間，比如說讓肌肉動作的指令最後會抵達終點站肌肉（肌肉纖維）。換句話說，它最後必須要跨越「神經元與肌肉纖維之間」才行。神經元與肌肉纖維之間的區域，也就是運動神經末梢，被特別稱作「神經肌肉接點」，它也是神經傳導物質進行信息傳輸的一種突觸。

神經傳導物質有腎上腺素、血清素、多巴胺等等，種類繁多，功用各有不同。乙醯膽鹼是其中之一。乙醯膽鹼負責的是副交感神經末梢與神經肌肉接點。這說起來會越來越複雜，複雜的解釋就到此為止。

如同第一章提到的，副交感神經是名為「自律神經」系統裡的一員，而與之對應的是交感

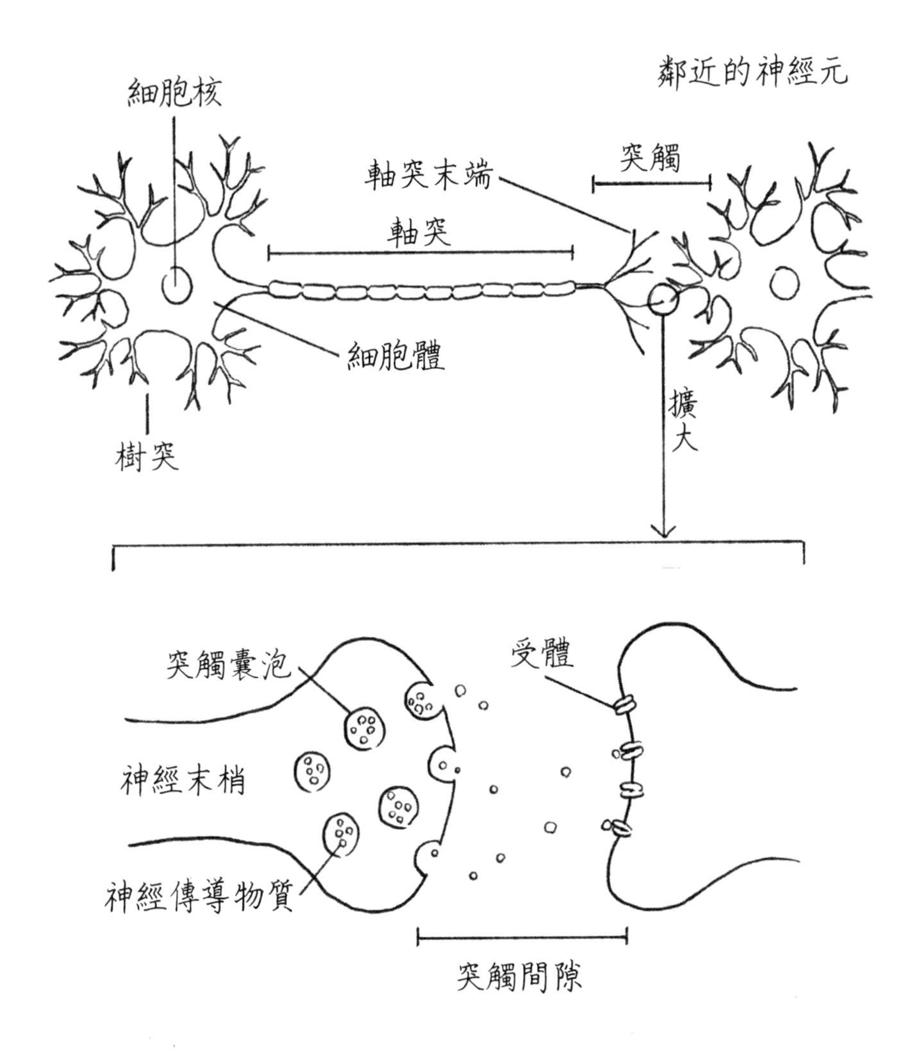

神經元與傳導機制

	自律神經系統	
	交感神經系統	副交感神經系統
瞳孔	放大(散瞳)	縮小(縮瞳)
氣管	擴張	收縮
血壓	上升	下降
心跳次數	增加	減少
消化液分泌	減少	增加
消化道運動	抑制	促進
汗腺	排汗增加	—
膀胱	儲尿	排尿
末梢血管	收縮	擴張

自律神經的功能

神經。所謂的「自律」正如字面上的意思，這個系統會因應狀況自動調節身體機能，負責維持生命的機制。副交感神經在緩慢進食或是放鬆休息時變得活躍，另一方面，交感神經則是在興奮狀態時運作，兩者各自有正反兩面的作用，像是瞳孔放大縮小、血壓高低、心跳快慢、血管擴張縮小等等，它們會對全身的臟器個別帶來相反的效果。

於是，神經傳導物質一定要在必要的時候被生成，在訊息傳遞任務結束時快速被分解掉才行。乙醯膽鹼一旦反應完成，就會迅速被名為乙醯膽鹼酯酶的酵素分解掉。

解開透過乙醯膽鹼進行傳導機制

的英國藥理學家亨利・哈利特・戴爾（Henry Hallett Dale）和美國藥理學家奧托・勒維（Otto Loewi）在一九三六年一同獲頒諾貝爾生理醫學獎。

回到正題。

乙醯膽鹼酯酶如果與沙林結合就會失去其作用。無法被分解掉的乙醯膽鹼堆積過剩，會造成肌肉像痙攣似地持續收縮。副交感神經過度作用，縮瞳（瞳孔縮小）、嘔吐、下痢、血壓下降等多種症狀都會發生，情況嚴重的還會呼吸停止，造成死亡。

和時間賽跑

地下鐵沙林毒氣事件發生時，車站內數千人陷入恐慌，大量的傷者被送往周邊的醫院。尤其是築地的聖路加國際醫院收容最多傷者。因為當時的日野原重明院長下令醫院取消所有的正常醫療服務，以便收治病人。結果，該醫院史無前例地收治了六百四十位急症病患(33)。

在聖路加國際醫院，醫療工作也是在大禮堂和走廊進行。那裡的氧氣管道設施和其他設備也十分完備，因為這些地方一開始的設計，就是為了在緊急情況下可以當作病房使用。

日野原院長堅持這樣的設計是有原因的。作為一名醫生，他曾目睹一九四五年東京遭受空襲，許多病人無法進入醫院，在沒有治療的情況下死亡。當時他就有一種使命感，要建造一所能夠承受重大災難的醫院(33)。

其他多家醫療機構也啟動緊急應變機制收治病人，醫護人員努力治療。然而，治療工作困難重重。有機磷中毒的解毒劑PAM(Pralidoxime)庫存量已經不夠了。

PAM原本是治療農藥中毒的藥。誰也不會預料在大都市的市中心會同時發生多起農藥中毒事件。就算把東京都內的PAM全部收集起來，也應付不了這麼多的病患人數。

PAM雖然具有活化乙醯膽鹼酯酶的作用，但如果沒在一開始發病就投藥，是沒有效果的。因為沙林對乙醯膽鹼酯酶的阻斷作用，會隨著時間的漸進，而變得不可逆(再也無法回復)，這個作用被稱為老化。

這是一場與時間的競賽。

PAM批發商SUZUKEN公司擬定計畫，盡可能將最多的PAM運到東京。從名古屋總公司搭新幹線(子彈列車)的員工們，從濱松站、靜岡站、新橫濱站的月台上提取PAM，以接力的方式送往東京。這樣一來，總共有兩百三十人份的PAM可以被送往東京的醫院。

另外，住友化學旗下的集團企業住友製藥(現為Sumitomo Pharma)是當時生產有機磷殺蟲劑的公司，也是日本唯一生產和銷售PAM的公司。為了因應這次危機，住友製藥從大阪的產品中心緊急空運了所有的PAM到東京。結果，事發傍晚有兩千人份的PAM陸續被配送到各家醫療機構，到了晚上更達到兩千五百人份(34)。

再者，還有在事發現場進行救助、救援的緊急醫療人員，進行淨化作業的自衛隊人員，在各醫療機構根據化學武器治療手冊提供建議的自衛隊醫官和醫務官，包括全日空在內的在緊急運送PAM的過程中全力配合的工作人員們。所有人同心協力，一起阻止了災害的擴散。

結語：了不起的醫學

學醫之後，我心裡常抱持著兩種相反的情感。

我一方面驚嘆：「人體設計得太好、太精緻了。」一方面憂心：「人體也太脆弱、太不堪一擊了。」

組成人體的許多器官，每一個都擁有令人驚訝的優異功能。說它們是自然演化而來的，說實話，還真叫人難以相信。

然而，自然界中的某個物質，肉眼看不到的微小生物，輕易就能破壞人體這個完美運作的生命維持系統。跟汽車或電子機器相比，人體遠比想像中來得脆弱。學醫之後，作為醫生接觸了很多病人或傷患，我切身感受到人體是真的脆弱，稍有不慎，命就沒了。

我們的身體從構造來看，不過是「有機物組成的大型有機體」。的確，它的功能優異，永遠有發掘不完的驚喜，但相對地，它也很脆弱，不小心就壞了、殘了。畢竟我們生存的環境充斥著各種損害人體的外在要因，小至細菌、病毒，大至髒空氣、致癌物等等。

不僅如此，在歲月的累積下，人體更會逐年劣化。就算躲得過所有外敵的危害，人體也免不了「老化」的命運。人類的壽命是有限的，不管多少，數十年後，身體機能便會自動停止。就算個人再怎麼努力，要超越這個「極限」長生不死，是不可能的。

所有的人類，在不久的將來都會死，這是註定好的。

二十世紀初，日本人的平均壽命是四十歲。然而，現在平均壽命已經快逼近九十歲。醫學實現了過去人們無法想像的長壽世界。

但是，仔細想來，醫學所延長的人體使用期限，不過就四十年。地球開始有生命是在四十億年前，跟這悠長的歲月相比，醫學給我們的時間簡直太短了。

不過，令人驚訝的是，醫學竟拚盡全力去打這場「毫無勝算的仗」。大多時候，這些挑戰以失敗告終，但偶爾也會小贏那麼幾場。醫學就是靠著這些小贏慢慢累積起來的。這世上沒有人不願意多活一年！秉持著這樣的信念，人類絞盡腦汁、淬鍊技術，這才促進了醫學的進步。

身為醫生的我，每天都在臨床現場運用所學診治患者。有人為了多活一年，決定接受手術。有家屬因為能多陪伴親人一年，而對我感激涕零、不斷道謝。

看到他們的樣子，我深知即使只是一年的歲月，對人類來講都是彌足珍貴的。醫學就是在這樣的價值觀中，不斷地往前邁進。

如何把脆弱不堪的人體守護好，不到最後一刻絕不放棄，醫學的這份「韌性和勇氣」，是我在這本書裡想要表達的。我想讓讀者們知道，勇於挑戰脆弱人體之極限的醫學，是多麼了不起。

話說，試圖解決人類想要長生不死之無理要求的醫學，近年來遇到了很大的矛盾。就算「活得很久、很長」，卻一整天都躺在床上，飲食起居處處受限，生活無法自理，這樣的人生真的是醫學想要提供給人類的價值嗎？

不，絕對不是這樣。

這裡我要講一個近年很流行的「健康壽命」的概念。所謂健康壽命，是指一個人「不會因健康問題被限制飲食起居，而能自理生活的壽命或時間」。二〇一九年，日本人的健康壽命，男性是七十二．六八歲，女性是七十五．三八歲。比起平均壽命，約少了十年。

醫學本是為了豐富人生而存在的，這個「豐富」並不一定要「活很久」。如果醫學註定要輸給「死亡」的話，至少「輸得漂亮一點」，這才是醫學的功能。

本書跟我前一部作品《了不起的人體》相反，主要聚焦於人體的脆弱。人體的脆弱與醫學的進步乃一體之兩面，正因為人體十分脆弱，人類才會集結所有智慧想辦法讓醫學進步，兩者互為因果。這也是日文書名訂為《了不起的醫學》的原因。

希望這本書能為你帶來學習醫學的快樂，滿足你對人體知識的好奇心。如果你的閱讀感受是愉悅、暢快的，將是身為作者的我無上的喜悅。

還有，在這之前為了這場戰役賭上性命的無數醫學家、科學家們，他們的偉大身影，希望多少能帶給你面對明天的活力與勇氣。

二〇二三年八月　山本健人

推薦書單

高中二年級的那個秋天，當時的我走訪暑熱未消的京都街頭，那是我第一次走進京都大學醫學院的校園，當年的情景至今仍歷歷在目。

一條寬敞的大路貫穿校園中心，大路兩旁的磚造禮堂和實驗室巍然屹立。秋風吹起，行道樹的葉子搖曳生姿，沙沙的聲響反而更突顯了校園的寧靜。

在此處進行的無數研究，改變了全世界的醫學。

那是無法用言語形容的感動。如果能在這裡學醫，參與醫學研究，那是何其有幸的事啊！

於是，我在二〇〇四年成為京都大學醫學院的學生。當時的院長是本庶佑博士。想必不用我說，大家也知道，他是一位世界級的醫學研究人員，後來因為開發免疫檢查點抑制劑 Nivolumab（商品名 OPDIVO，中文名保疾伏）的貢獻，而獲得諾貝爾獎。

醫學院的講座十分精彩。事實上，在學生時期上課中聽到的許多令人印象深刻的片段，都成了我如今寫作的動力。讓人一邊聽講一邊拍腿讚嘆「這真是太有趣了！」的一些主題，我至今仍然記憶猶新。

大學畢業後，經歷了七年的臨床經驗，我再度回到京都大學醫學院的校園。在研究所，我從事新型癌症藥物的基礎研究。我的專業領域是大腸癌，我的指導教授武藤誠博士，是大腸癌小鼠模式的世界權威。

研究所畢業後，我開始擔任外科醫生幫人治病，並在大學擔任客座研究員，繼續從事有關大腸癌的研究。雖然到目前為止我自己的研究成果平平，但能在夢想中的校園參與醫學研究，是我人生中小小的驕傲。

醫學真的是一門很有趣的學問。為了將學習醫學的樂趣傳達給大家，我寫了上一本書《了不起的人體》和這本《了不起的醫學》（日文書名）。然而，醫學世界的魅力是如此博大精深，我不認為能憑藉一己之力傳達給大家。我所能做的就是引導你到這個世界的「入口」，並為你指明前方的路標。

那些「路標」就是以下的「推薦書單」。為了讓大家更了解醫學的樂趣，這裡介紹了包含紀實文學、圖鑑、漫畫、小說等各種類型的書籍。請務必趁著對本書記憶猶新之際找來翻一翻。

《醫學的歷史》（中文暫譯／作者：梶田照／講談社學術文庫／二〇〇三年）

從古至今，不僅西洋醫學，還有東方醫學、印度醫學、伊斯蘭醫學在世界各地萌芽茁壯，環環相扣，不斷進步。這本書追隨著醫學的歷史腳步，是一本正宗的醫學史。它以歷史洪流為主軸，在闡述名醫與科學家的成就、人物特色的同時，開展出每一個故事。字裡行間彷彿流淌著一股「暖流」。此外，本書以幽默的筆法描繪了作者身為一名醫生的思想和悲喜，也是其特色。如果是特別喜歡歷史的人，這會是一本會讓人愛不釋手、想一口氣讀完的書。

《身體：給擁有者的說明書》（The Body: A Guide for Occupants／作者：Bill Bryson／日文版譯者：桐谷知未／新潮社／二〇二一年）

到目前為止，市面上已有許多關於人體的書籍出版，但這本書名副其實是一本「百科全書」，它講述人體的故事，從頭到腳沒有任何一絲遺漏。而且，它不僅僅是在講述「人體的不可思議」，書中還有許多對醫學進步有貢獻的名醫和醫學研究人員的故事。這是一本超過五百頁的鉅著，內容十分有趣，引人入勝，讓人想要一口氣讀完。

這本書的作者是美國的一位紀實文學作家，並不是醫學領域的專家。但或許就是因為這樣，全書都以「令人意想不到的角度」觀察人體，在講述人體構造和機能的時候也可以用幽默的方式表現。

《手起刀落：外科醫療史》

（Under the Knife: A History of Surgery in 28 Remarkable Operations／作者：Arnold van de Laar／日文版譯者：福井久美子／監修：鈴木晃仁／晶文社／二〇二二年）

所謂的「黑袍」，正如本書中介紹的，是以前歐洲外科醫師在手術時穿在外面的長袍。在沒有麻醉和消毒的時代，外科醫師徒手進行手術，經常在沒有保護的情況下被濺出的血沾滿全身。據說沾染了血的外袍因為血液凝固變得硬邦邦的，都可以自行站立了。這本書可以讓你盡情沉浸在今時今日我們無法想像的那段手術歷史。

李斯特、畢羅、科赫、哈斯泰德等等，在外科學歷史上占有一席之地的著名外科醫生們就不用說了，書中還寫到許多不為人知的外科醫生成功與失敗的故事，十分有趣。
我希望想透過本書了解外科學歷史的你，能在這本書中體驗到更多「身歷其境的真實感受」。

《荒誕醫學史》

(Quackery: A Brief History of the Worst Ways to Cure Everything／作者：Lydia Kang, Nate Pedersen／日文版譯者：福井久美子／文藝春秋／二〇一九年)

水銀和砒霜等被當成治療的藥物廣泛使用，而本書中也有提到的可卡因、鐳和鴉片等等，則是深受人們喜歡的娛樂性藥物。今時今日絕不可能會發生的事，直到不久之前都仍然理所當然地存在著。

正如同書名「荒誕醫學史」，把這些一般而言不能稱之為「醫療」，而且既不安全也不道理的治療方法實際用在病人身上，真是令人背脊發涼。

本書介紹了二十七種曾經司空見慣，但在現代不得不稱之為「離譜」的醫療行為。雖然讀起來像有趣的懸疑故事，但全都是真實發生的，讓人讀了不禁害怕「如果自己不是活在這個時代的話……」。在某種程度上，它是一本讓我們明白人類愚蠢的書。

《腐朽的生命——83天被曝治療的紀錄》
（中文暫譯／NHK「東海村臨界事故」採訪組著／新潮文庫／二〇〇六年）

這是一本記錄一九九九年九月發生於茨城縣東海村核能事故的紀實文學。本書的第五章也有介紹這起事故，並說明輻射對人體造成的影響。

據估計，曝露於十西弗的輻射之後，死亡率幾乎是百分之百。然而，在這次事故中，受傷最嚴重的工人受到的輻射量約為二十西弗。這在全世界都是前所未有的，也沒有已知的有效治療方法。在這種絕望的情況下，盡力搶救人命的醫護人員，其心情與糾結實在是難以用筆墨形容。

這本書告訴我們的，是一個令人心碎的悲慘事實。我們這些有幸活著的人能夠做的，就是咬著牙，謹慎地面對這場意外的真相。

《南丁格爾傳圖文版 附護理札記》
（中文暫譯／作者：茨木保／醫學書院／二〇一四年）

南丁格爾的傳記和漫畫描繪的大多都是她犧牲奉獻、充滿愛心的一面。「克里米亞天使」這個綽號確實廣為人知，但天使這個名詞給人的聯想僅僅是仁慈與溫暖，實在不足以成為她唯一的代名詞。

實際上，南丁格爾是個精力充沛、執行力很強的人，即使對方的地位比她高，她也不畏懼，一樣毫不含糊地批評他們的錯誤，努力推動、改善現況。她的理論就科學的角度來看也很嚴謹，其中有許多理論在今時今日仍然適用，對於今日的醫學有著重要的意義。

身為醫生的作者，以漫畫的方式描繪南丁格爾這樣的真實面貌，完成了這本南丁格爾傳。書的前半部是南丁格爾的傳記，而後半部則是至今仍被視為現代護理教育聖典的漫畫版「護理札記」。在歷史留名的著作之中，描述南丁格爾護理理論與管理理論的書籍，即使不是從醫者也值得一讀。

《科學大圖鑑系列 醫藥大圖鑑》

（中文暫譯／監修：掛谷秀昭／日本 Newton Press／二〇二一年）

本書的第二章介紹了全世界廣泛使用的藥物相關的作用和發明歷史，以及努力讓這些藥物實際應用在臨床治療的醫生和科學家們。若有人讀了之後對藥物產生興趣，我推薦可以讀一讀這本「醫藥大圖鑑」。

這本「大圖鑑」名副其實，書中介紹許多藥物並搭配美麗的照片和插圖，讓人越讀越有興趣。比如說本書也曾介紹過的，毒液被用來研發製作成治療糖尿病新藥的美國毒蜥蜴，這本書裡也有附上逼真的毒蜥蜴插圖。有圖片就是比單獨閱讀文字更有樂趣，這就是圖文書的魅力。

《挑戰新藥的日本科學家們 拯救全球病患的新藥研發故事》

（中文暫譯／作者：塚崎朝子／講談社 Blue Backs／二〇一三年）

這本作品聚焦在開發世界級新藥的日本研究人員身上，描述一般不大為人所知曉的新藥開發之幕後故事。

這本書描述了高脂血症治療藥物史他汀、消化性潰瘍藥物法莫替丁，如何在日本研發成功的故事，其他還有許多由日本科學家研發的新藥，包括治療痛風的藥、治療心臟衰竭的藥、治療阿茲海默症的藥，以及免疫抑制劑等等，這些都已經成為當前臨床醫療中不可或缺的藥物。

研究人員在研發新藥的過程中辛勤工作、屢敗屢戰，最終總算如履薄冰地獲得勝利，這對所有人都是一種勵志的鼓舞。

《透過比較長頸鹿的蹄子與人類的手指，了解生物進化史》

（中文暫譯／作者：郡司芽久／NHK出版／二〇二一年）

作者是知名的「長頸鹿博士」，他是一位解剖動物園長頸鹿遺體、研究長頸鹿進化歷程的解剖學家。這本書以長頸鹿為起點，比較各種不同動物和人類的器官，以解剖學的視角介紹各個器官的構造和機能。

書中介紹的器官遍及身體各處，包括肺臟、心臟、皮膚以及消化器官等等，每一個都教人大開眼界、驚奇不已，是令人愉悅的新發現。

認識人類以外的其他動物與「認識人類」兩者密不可分。透過與其他動物的比較，才能真正地了解自己。讀這本書可以讓我們發現一個真理，那就是：只學習人類的器官，無法對人類有更深入的認識。

《極限返航（上・下）》
（Project Hail Mary／作者：Andy Weir／日文版譯者：小野田和子／早川書房／二〇二一年）

最後我要換個口味，介紹一本科幻小說。這本書的作者是專業的科幻小說作家，他的第一部作品《火星任務》（*The Martian*，日文版譯為火星人／早川書房）後來被翻拍為知名電影《絕地救援》。

作者的第三部長篇小說《極限返航》從頭到尾都能激起讀者的好奇心，是一部非常有趣的作品。書中正統的「科學」敘述風格，任誰讀了都會沉迷其中。

為什麼我會在此介紹科幻小說給大家呢？很可惜，因為這本小說是屬於絕對「禁止劇透」的那一類型，所以理由我不能說。但是，我相信大家讀了它之後，就能明白我推薦給大家的理由了。

文末附錄

超濃縮醫學史

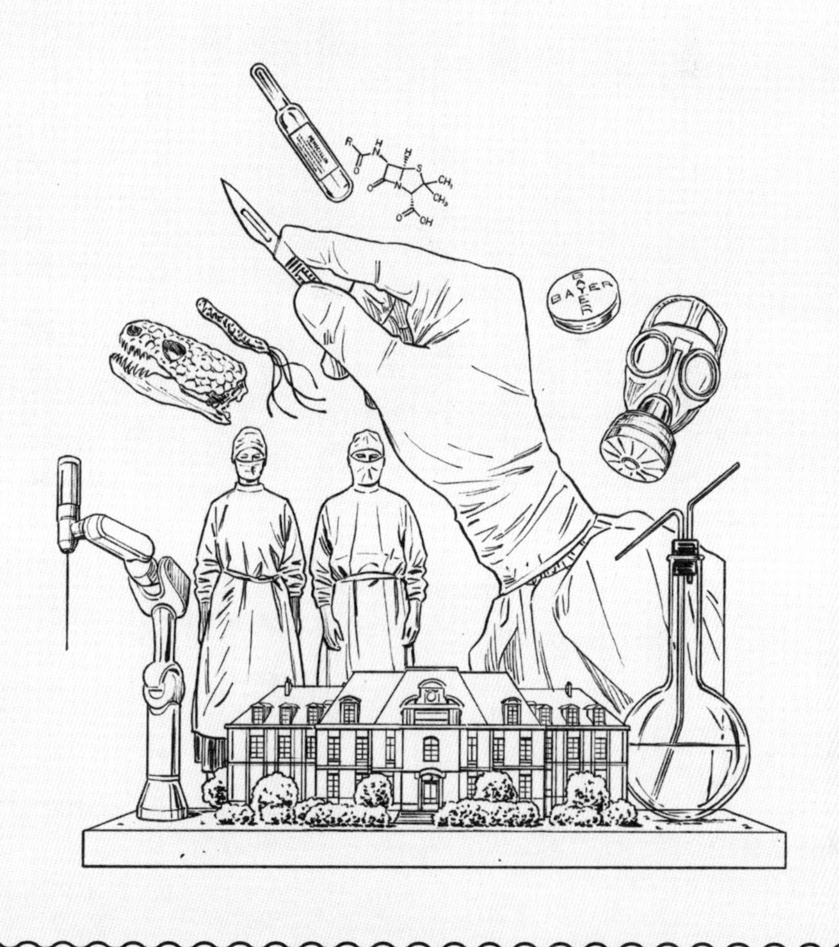

西方醫學之父「希波克拉底」

今日我們享受的醫學成果是如何興起的？又是如何發展到今天這個地步的呢？讓我們用「超濃縮版本」回顧一下醫學的歷史吧！

西元前八世紀後半，希臘各地建立城邦，形成古希臘文明。古希臘是知識活動的中心，奠定了包括數學、天文和哲學等各種學科的基礎。在醫學方面，古希臘也是醫學歷史的萌芽時期，一路傳承至今。

大約在西元前五世紀，出生於希臘的醫師**希波克拉底**被稱為「西方醫學之父」，是建立現今西醫基礎的人。他觀察病人的脈搏、呼吸、肌膚狀態、尿液和糞便，詳加記錄，並建立了可供後來醫生參考的病例集。由七十多篇醫學論文組成的《希波克拉底文集》，是歷史上最偉大的著作之一。

希波克拉底對後世影響最大的理論，就是「四體液學說」。該學說認為人體有血液、黃膽汁、黑膽汁和黏液四種體液，如果「體液不平衡」，人就會生病。這個理論在之後的近兩千年時間都被認為是正確的。

將希波克拉底的論點發揚光大的人，是活躍於第二世紀前後的古羅馬醫師**克勞狄烏斯・蓋**

倫。蓋倫收集古希臘的文獻編纂成冊，撰寫了大量的著作。他還運用從解剖動物中獲得的知識，編集了許多有關解剖學的發現、見解，以及疾病治療的方法。據估計，這些著作的字數總計五百萬到一千萬字。

蓋倫的醫學著作一直到十八世紀，都被視為權威般的存在，對西洋醫學的影響深遠。蓋倫被奉為「醫生的君主」長期受人景仰，在醫學史上的地位不容忽視。

在中世紀的歐洲，一些古希臘和古羅馬的著作被翻譯成阿拉伯文，傳遍整個伊斯蘭世界。有一位名叫**阿維森納**（Avicenna）的波斯醫生，被認為是伊斯蘭世界最偉大的學者，也被稱為「學術大師」。

阿維森納

他有系統地將古希臘和古羅馬的醫學理論加以編撰，完成著作《醫典》。這本大作共分五冊，長期用於中世紀歐洲各地的醫學教育，是極佳的教材。

十一世紀後半至十四世紀左右，許多希臘文和阿拉伯文的著作被翻譯成拉丁文，過去的文獻在醫學教育中被廣泛使用。當時普遍的常識都認為，醫學要從古代的權威書籍中學習。

維薩留斯

異端醫生與解剖學

比如說，解剖學講座進行的方式，是由解剖學家朗讀解剖學權威蓋倫的著作。如果人體解剖得到的結果與蓋倫的理論有所分歧，一般就會認為是「觀察者或人體出了什麼差錯」。蓋倫的權威甚至被揶揄是拖累醫學進步延遲了一千多年的罪魁禍首，就是因為這個緣故。

活躍於這個時代的醫生**安德烈亞斯・維薩留斯**（Andreas Vesalius）是一個異端。他認為要得到真相不是靠過去的權威書籍，而是必須實際去觀察人體本身，他在劇院式的禮堂中親自進行人體解剖。一五三四年，他出版了解剖學著作《人體的構造》一書，書中圖文並茂，附有精緻的人體解剖圖，是一本超過七百頁的鉅著。

看見「之前看不到的世界」

在活版印刷術普及的時代，《人體的構造》一書閱讀者眾多，成為了近代醫學的起點。《人體的構造》出版的一五三四年那年，恰巧也是尼古拉·哥白尼（Nicolaus Copernicus）出版《天體運行論》，推翻當時主流的天動說，提出了地動說理論的那一年。

從此以後，自然科學的觀察與實驗程序也適用在人體上，蓋倫所建立的理論也慢慢被推翻。

英國內科醫生**威廉·哈維**（William Harvey）在二十多年的時間裡，解剖了六十多種動物後，最先得出「血液在全身循環」的真相。在此之前的「常識」是蓋倫主張的，肝臟製造出來的血液像潮起潮落般、以消長的方式遍布全身，為各個臟器消耗、使用。一六二八年，哈維寫了《血液循環理論》，率先否定了蓋倫的理論。

十六世紀後半，隨著顯微鏡的發明問世，讓我們看到了肉眼看不到的世界。英國科學家**羅伯特·虎克**（Robert Hooke）在顯微鏡下觀察軟木塞，發現其中有無數小孔。一六六五年，他寫的《微物圖誌》一書中，把這些微細的小孔洞命名為「cell」（細胞）。

不過，人類是在到了九世紀，才知道細胞是生物的基本單位。德國的病理學家**羅道夫·**

虎克

斐爾科

斐爾科（Rudolf Virchow）提倡「Omnis cellula e cellula」（每一個細胞都來自另一個細胞）的理論，於一八五八年出版了重要著作《細胞病理學》。在書中，他率先主張因為構成人體的基本單位——細胞產生病變，人才會生病。

顯微鏡也為生物學帶來了跳躍式的進步。十七世紀，荷蘭貿易商及博物學家**安東尼·范·雷文霍克**，率先指出肉眼看不到的微生物之存在，而法國化學家**路易·巴斯德**則發現發酵和腐敗是微生物的作用所造成。

此外，巴斯德在一八五九年還率先否定了生物隨時可由非生物發生的「自然發生說」（無生源論、自生論）。「自然發生說」這套理論在十八到十九世紀期間一直都被認為是正確無誤的真理。

不知不覺間，麵包會長出黴菌，昆蟲的屍體會長蛆。這種現象「並不是因為生物可以憑空產生」，而是因為「它們來自某處而且原本就附著在上面」，這是只有巴斯德以後的人類才能理解的常識。

然而，微生物會導致疾病的事實長時間並不為人知。十九世紀中葉，匈牙利婦產科醫生**伊格納茲・塞麥爾維斯**（Ignaz Semmelweis）發覺「洗手」可以預防產後病人的產褥熱（一種感染），並於一八四七年發表了這項理論。但當時沒有人相信他的說法。

巴斯德

塞麥爾維斯

與傳染病的戰爭

塞麥爾維斯死後，他的主張因為英國外科醫師**約瑟夫・李斯特**而被重新評估。李斯特知道巴斯德發現的生物腐敗過程，他懷疑手術後出現的傷口感染也可能是微生物所為，於是他研發了第一種消毒劑，並在一八六七年的一篇論文中發表，首次將「消毒」

的概念引進手術中。

與此同時，德國醫生**羅伯・柯霍**發現了培養細菌餵飼動物可以誘發某些特定疾病的事實。他發現了引起炭疽病、結核病和霍亂的細菌，並在一九〇五年獲頒諾貝爾生理醫學獎。此外，柯霍的學生**北里柴三郎**也發現了白喉、破傷風和鼠疫的病原體。

柯霍發現「細菌是疾病因子」的事實，促使人類醫學有了巨大的進展。因為它催生了「如果能夠研發出殺死細菌的藥，就可以治癒疾病」的發想。

李斯特

柯霍

一九一〇年，德國內科醫生**保羅・埃爾利希**（Paul Ehrlich），和在德國留學的日本細菌學家**秦佐八郎**，兩人首次發現可以殺死細菌的化學物質，並將它命名為「灑爾佛散」（Salvarsan）。

然而，灑爾佛散對梅毒以外的一般傳染病卻沒有效果。

一九二〇年代，研究葡萄球菌的英國醫生**亞歷山大・弗萊明**，發現青色黴菌分泌的一種物質具有阻止細菌生長的作用，並將此物質命名為「盤尼西林」（青黴素）。後來牛津大學的研究人員**霍華・佛洛里**（Howard Florey）和**恩斯特・柴恩**（Ernst Boris Chain）努力讓盤尼西林可以應用在實務上，並在一九四〇年代實現了大量生產的理想。一九四五年，弗萊明、佛洛里和柴恩三人獲頒諾貝爾生理醫學獎。

北里柴三郎

埃爾利希

像盤尼西林那樣，微生物會分泌一種保護自己免受其他微生物侵害，被稱為「抗生素」的物質，於是，人類開始邁入全新的抗生素領域。研究土壤中生物的美國微生物學家**賽爾曼・瓦克斯曼**（Selman Waksman），從一種名為放線菌的細菌中發現了抗生素鏈黴素。他將鏈黴素實際應用在肺結核的治療上，並在一九五二年獲頒諾貝爾生理醫學獎。

抗生素是醫學史上最偉大的發明。從發現抗生素迄今的短短一個世紀，死於傳染病的人數已經大幅下降，人類的壽命也大幅增加。

另一方面，接種疫苗的歷史比了解傳染病成因和治療方法的歷史還要更早一些。「只要得到一次嚴重的疾病，就不會再得第二次」的經驗法則，從以前就廣為人知。

歷史上第一個發明接種疫苗的人，是英國醫師**愛德華・詹納**。詹納發現，把得到牛隻傳染病「牛痘」的病患的膿接種在健康的人身上，就可以對天花免疫。一七九八年，他發表了這項研究成果。被稱為「種痘」的這種預防接種方法，快速在世界普及開來。

十九世紀後半，巴斯德以人為方式降低病原體的活性，首次研發出預防接種的疫苗，為了讚揚詹納的功績，他將它命名為「vaccine」。這個名稱的命名由來，就是小母牛的拉丁文「vacca」。

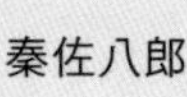
秦佐八郎

佛洛里

「窺探人體內部」的革命

前面我們談論了有關疾病的成因和治療方法，但促使疾病診斷擁有劃時代進步最重要的推手，是可以窺探人體內部的技術。

一八九五年，德國的物理學家**倫琴**在使用高電壓真空管進行實驗時，發現了穿透人體的新光線，並用表示未知變數的「X」，將此光線命名為「X光」。這個可以窺視人體內部的劃時代技術立刻在全球推廣，成了讓診斷學大躍進的契機，從此衍生出應用X光的各種檢查。

例如，一九二九年，德國醫師**沃納・福斯曼**（Werner Forssmann）將一根橡膠管（醫療用的細管）從自己手

柴恩

瓦克斯曼

腕的血管插入，直達他的心房，並使用X光全程攝影。這在當時已經不被視為高風險的做法。之後，美國醫師**迪金森·理查茲**（Dickinson Richards）和法國醫師**安德烈·考南德**（André Cournand），發明了一種使用X光和導管的檢查方法，並將心血管導管術

詹納

普及化。福斯曼、理查茲和考南德也因此於一九五六年獲得諾貝爾生理醫學獎。

英國工程師**高弗雷·豪斯費爾德**（Godfrey Hounsfield）以美國物理學家**阿蘭·科馬克**（Allan Cormack）於一九六〇年代發表的理論為基礎，開發了一種稱為「電腦斷層掃描」的技術。這種簡稱為「CT」的技術，可用X光從全身的各個角度照射人體內部，再將影像經由電腦分析並重建。

CT成為診斷疾病的重要工具，豪斯費爾德和科馬克也因此在一九七九年獲頒諾貝爾生理醫學獎。CT是現今全世界醫療機構每天都要使用、不可或缺的診斷工具。

麻醉和外科手術

十九世紀以後，外科治療也一樣進步飛快。最重要的原因就是全身麻醉的發明。

全世界第一位施行全身麻醉的人，是紀州藩的醫師**華岡青洲**，時間是在一八〇四年的日本江戶時代。但他發明的麻醉藥「通仙散」使用的劑量難以拿捏，無法普及全世界。

與此同時，美國的牙科醫師**威廉．莫頓**在一八四六年首次成功使用乙醚蒸氣進行全身麻醉。此技術傳遍全球，成為今日全身麻醉的基礎。莫頓示範全身麻醉的手術室被稱作「乙醚穹頂劇場教室」（Ether Dome）保存至今，地點就位於現在的美國麻省總醫院。

隨著全身麻醉技術的廣泛應用，無痛手術終於付諸實現。想想那個理所應當在劇痛中扭動身體接受手術的時代，這真是一個戲劇性的改變。

醫學與巨人的肩膀

本書以「超級濃縮版」的方式，以關鍵人物為中心，回顧直至今日的醫學歷史。

學術的進步是一小步一小步的累積。這裡提到的人物當然都是醫學史上的關鍵人物，但他們驚人的成就絕非僅靠一己之力就能達成。他們是因為許多人的支持以及後代的認同，才得以在歷史上留名。

此外，就算是百年一遇的天才，也只能依據自己所在時代能夠得到的有限知識為基礎，來展現自己的天賦。

英國科學家艾薩克．牛頓曾經在寫給羅伯特．虎克的信中說道：「如果我比別人看得更遠，那是因為我站在巨人的肩膀上。」

所有新的發明，都是建立在先人累積的成果上。

参考文献

第1章

(1) 日本救急医学会、医学用語解説集「低酸素脳症」
(https://www.jaam.jp/dictionary/dictionary/word/0115.html)

(2) 『内視鏡外科手術に関するアンケート調査 第16回集計結果報告』（日本内視鏡外科学会学術委員会著、二〇二二）

(3) 糖尿病ネットワーク「No.16. 子どもの目の病気」（https://dm-net.co.jp/metokenko/feature/16/）

(4) 公益社団法人日本眼科医会「子どもの弱視・斜視」（http://www.gankaikai.or.jp/health/betsu-003/）

(5) 日本弱視斜視学会「弱視」（https://www.jasa-web.jp/general/medical-list/amblyopia）

(6) 『レジデントのための専門科コンサルテーション（5章 精神科）』（山本健人編著、医学書院、二〇二一）

(7) "Acute epistaxis. How to spot the source and stop the flow" Alvi A. Joyner-Triplett N. *Postgrad med.* 1996;99:83-90,94-6.

(8) 『医者が教える正しい病院のかかり方』（山本健人著、幻冬舎新書、二〇一九）

(9) 『歯科衛生学シリーズ 歯・口腔の構造と機能 口腔解剖学・口腔組織発生学・口腔生理学』（一般社団法人全国歯科衛生士教育協議会監修、前田健康ほか著、医歯薬出版、二〇二二）

(10) 公益財団法人ライオン歯科衛生研究所「小学生のみなさんへ「歯」のずかん」
(https://www.lion-dent-health.or.jp/hamigakids/children/picture_book_01_1/)

(11) 厚生労働省「カプノサイトファーガ感染症に関するQ&A」
(https://www.mhlw.go.jp/bunya/kenkou/kekkaku-kansenshou18/capnocytophaga.html)

(12) BBC Science Focus Magazine「Top 10: Which animals have the strongest bite?」
(https://www.sciencefocus.com/nature/top-10-which-animals-have-the-strongest-bite/)

(13) "Etymology of the Word "Stent"" Sterioff S. *Historical vignette.* 1997;72:377-9.

(14) 厚生労働省「酸素欠乏・一酸化炭素中毒の防止」

(https://www.mhlw.go.jp/content/11200000/000628946.pdf)
(15) 『標準法医学 第8版』(池田典昭・木下博之編、医学書院、二〇二三)
(16) 国立国語研究所「『病院の言葉』を分かりやすくする提案 4．誤嚥（ごえん）」
(https://www2.ninjal.ac.jp/byoin/teian/ruikeibetu/teiango/teiango-ruikei-a/goen.html)
(17) Know VPD!「ヒブ感染症（ヘモフィルス・インフルエンザ菌b型感染症）」
(https://www.know-vpd.jp/vpdlist/hib.htm)
(18) 公益社団法人銀鈴会 特別寄稿「総合エンターテインメントプロデューサーつんく♂さんに聞く」
(https://www.ginreikai.net/ サポートについて / 特別寄稿 / つんく - さんに聞く /)
(19) Masaryk University「Mass Methanol poisoning in the Czech Republic in 2012」
(https://www.muni.cz/en/research/publications/1358363)
(20) "ALDH$_2$, ADH$_1$B, and ADH$_1$C genotypes in Asians: a literature review" Eng MY, Luczak SE, Wall TL. *Alcohol Res Health.* 2007;30(1):22-7.
(21) 厚生労働省e-ヘルスネット「フラッシング反応」
(https://www.e-healthnet.mhlw.go.jp/information/dictionary/alcohol/ya-008.html)
(22) 山陽新聞夕刊「一日一題」(二〇一二年六月二十三日)「フローラ・ハイマン」
(https://medica.sanyonews.jp/article/2821/)
(23) "若年アスリートの健康管理" 橋本通，昭和学士会雑誌，2016;76:164-9.
(24) 『医学・医療の歴史をサラッと勉強』(朔元則著、原学園出版部、二〇二〇)
(25) 『肝がん白書 令和4年度』(一般社団法人日本肝臓学会、二〇二二年)
(26) "Prevalence and associated metabolic factors of nonalcoholic fatty liver disease in the general population from 2009 to 2010 in Japan: a multicenter large retrospective study" Eguchi Y, Hyogo H, Ono M, Mizuta T, Ono N, Fujimoto K, *et al. J Gastroenterol.* 2012;47(5):586-95.
(27) 『NAFLD/NASH診療ガイドライン2020（改訂第二版）』(日本消化器病学会・日本肝臓学会、南江堂、二〇二〇)
(28) "Non-alcoholic fatty liver disease and risk of incident cardiovascular disease: A meta-analysis" Targher G, Byrne CD, Lonardo A, Zoppini G, Barbui C. *J Hepatol.* 2016;65(3):589-600.
(29) "Global epidemiology of nonalcoholic fatty liver disease-Meta-analytic assessment of prevalence, incidence, and outcomes" Younossi ZM, Koenig AB, Abdelatif D, Fazel Y, Henry L, Wymer M. *Hepatology.* 2016;64(1):73-84.

(30) "Randomized controlled trial testing the effects of weight loss on nonalcoholic steatohepatitis" Promrat K, Kleiner DE, Niemeier HM, Jackvony E, Kearns M, Wands JR, *et al. Hepatology.* 2010;51(1):121-9.
(31) "A new definition for metabolic dysfunction-associated fatty liver disease: An international expert consensus statement" Eslam M, Newsome PN, Sarin SK, Anstee QM, Targher G, Romero-Gomez M, *et al. J Hepatol.* 2020;73(1):202-9.
(32) "Artificial intelligence/neural network system for the screening of nonalcoholic fatty liver disease and nonalcoholic steatohepatitis" Okanoue T, Shima T, Mitsumoto Y, Umemura A, Yamaguchi K, Itoh Y *et al. Hepatol Res.* 2021; 51(5):554-69
(33) "Transcriptomics Identify Thrombospondin-2 as a Biomarker for NASH and Advanced Liver Fibrosis" Kozumi K, Kodama T, Murai H, Sakane S, Govaere O, Cockell S *et al. Hepatology.* 2021;74(5):2452-66.
(34) 〝非アルコール性脂肪性肝疾患（ＮＡＦＬＤ）／非アルコール性脂肪肝炎（ＮＡＳＨ）〟米田正人ほか．日本内科学会雑誌．110:729-37.
(35) 〝膵・胆管合流異常の診療ガイドライン〟島田光生ほか．胆道．2012;26:678-90.
(36) 〝便潜血反応陽性を契機に発見された大腸癌症例の検討〟永岡栄ほか．日本大腸肛門病会誌．1996;49:550-3.
(37) 一般社団法人日本腎臓学会「腎臓の構造と働き」
(https://jsn.or.jp/general/kidneydisease/symptoms01.php)
(38) "Nintendinitis" Brasington R. *N Engl J Med.* 1990;322(20):1473-4.
(39) "Acute Wiiitis" Bonis J. *N Engl J Med.* 2007;356(23):2431-2.

第２章

(1) 『がん ４０００年の歴史（上・下）』（シッダールタ・ムカジー著、ハヤカワ文庫、二〇一六）
(2) 『多発性骨髄腫に対するサリドマイドの適正使用ガイドライン』（日本臨床血液学会医薬品等適正使用評価委員会、二〇〇四）
(3) 国立研究開発法人日本医療研究開発機構「サリドマイド催奇性を引き起こすタンパク質の発見―サリドマイドによる副作用のメカニズムを提唱」(https://www.amed.go.jp/news/release_20210120-02.html)
(4) "Lysozyme: President's Address" Fleming A. *Proc R Soc Med.* 1932;26(2):71-84.
(5) 〝2．耐性菌感染症〟永武毅．日本内科学会雑誌．2002;91:112-7.
(6) 〝2．バンコマイシン：Review and Prospect〟平井由児．臨床薬理．2012;43:215-21.

参考文献

(7) 〝2017年ガードナー国際賞受賞記念特集 世界の基礎医学と臨床医学をかえたスタチン〟児玉龍彦．化学と生物．2018;56:156-160.

(8) 〝史上最大の新薬〝スタチン〟の発見と開発〟遠藤章．本田財団レポートNo.123．

(9) 〝スタチンの誕生 世の中の役に立つ科学者を目指して70年〟遠藤章．日農医誌．2016;64:958-65.

(10) 医学会新聞（二〇一四年六月十六日）「スタチンの発見者、遠藤章氏に聞く」
(https://www.igaku-shoin.co.jp/paper/archive/y2014/PA03080_01)

(11) 高峰譲吉博士研究会「世界初、アドレナリンの抽出結晶化」
(https://npo-takamine.org/who_is_takaminejokichi/scientist_inventor/adrenaline/)

(12) 〝流出頭脳がアドレナリンを結晶化 高峰譲吉を支えた上中啓三の渡米〟石田三雄．近創史．2009;7:25-37.

(13) 第一三共株式会社「今も脈々と受け継がれるＤＮＡ。三共株式会社初代社長高峰譲吉のイノベーションへの熱い想い」
(https://www.daiichisankyo.co.jp/our_stories/detail/index_6808.html)

(14) 高峰譲吉博士研究会「タカジアスターゼの発明と三共商店」
(https://npo-takamine.org/who_is_takaminejokichi/scientist_inventor/takadiastase/)

(15) Mayo Clinic「W. Bruce Fye Center For the History of Medicine: Discovery of Cortisone」
(https://libraryguides.mayo.edu/historicalunit/cortisone)

(16) "The effect of a hormone of the adrenal cortex (17-hydroxy-11-dehydrocorticosterone; compound E) and of pituitary adrenocorticotropic hormone on rheumatoid arthritis" Hench PS, Kendall EC, *et al. Proc Staff Meet Mayo Clin.* 1949;24(8):181-97.

(17) ThoughtCo.「Biography of Alfred Nobel, Inventor of Dynamite」
(https://www.thoughtco.com/alfred-nobel-biography-4176433)

(18) Britannica「Alfred Nobel Swedish inventor」(https://www.britannica.com/biography/Alfred-Nobel)

(19) New World Encyclopedia「Alfred Nobel」
(https://www.newworldencyclopedia.org/entry/Alfred_Nobel)

(20) "After 130 years, the molecular mechanism of action of nitroglycerin is revealed" Ignarro LJ. *Proc Natl Acad Sci U S A.* 2002;99(12):7816-7.

(21) QUARTZ「Viagra's famously surprising origin story is actually a pretty common way to find new drugs」
(https://qz.com/1070732/viagras-famously-surprising-origin-story-is-actually-a-pretty-common-way-to-find-new-drugs)

(22) TIME「The Viagra Craze」
(https://content.time.com/time/subscriber/article/0,33009,988274-5,00.html)
(23) The Royal Society Publishing「Sir James Whyte Black OM. 14 June 1924—22 March 2010」
(https://royalsocietypublishing.org/doi/10.1098/rsbm.2019.0047)
(24)『新薬に挑んだ日本人科学者たち』(塚﨑朝子著、講談社ブルーバックス、二〇一三)
(25) 日本経済新聞(二〇一三年十月十一日)「はごろも、シーチキン672万個回収 アレルギー物質で」
(https://www.nikkei.com/article/DGXNASDG1105L_R11C13A0CR8000/)
(26) 厚生労働省「ヒスタミンによる食中毒について」
(https://www.mhlw.go.jp/stf/seisakunitsuite/bunya/0000130677.html)
(27) 消費者庁「ヒスタミン食中毒」
(https://www.caa.go.jp/policies/policy/consumer_safety/food_safety/food_safety_portal/other/contents_001/)
(28) "Histamine and its receptors" Parsons ME, Ganellin CR. *Br J Pharmacol.* 2006;147 (Suppl 1):S127-35.
(29) 〝アレルギー性鼻炎治療における抗ヒスタミン薬の最近の話題〟橋口一弘、若林健一郎：日耳鼻：2020;123:24-9.
(30) 総務省統計局「統計でみるあの時といま No.3 第1回国勢調査時(大正9年)といま」
(https://www.stat.go.jp/info/anotoki/pdf/census.pdf)
(31) 厚生労働省検疫所FORTH「コレラについて(ファクトシート)」
(https://www.forth.go.jp/moreinfo/topics/2018/01111338.html)
(32) 厚生労働省検疫所FORTH「コレラ」(https://www.forth.go.jp/moreinfo/topics/name05.html)
(33) 〝日本における食塩水皮下注入から静脈内持続点滴注入法の定着までの歩み〟岩原良晴：日本医史学雑誌：2012;58:437-55.
(34) 長崎ちゃんぽんリンガーハット「よくある質問」(https://www.ringerhut.jp/customer_support/faq/)
(35) 〝抗凝固薬の歴史と展望〟齋藤英彦：血栓止血誌：2008;19:284-91.
(36) "Milestone 2: Warfarin: from rat poison to clinical use" Lim GB. *Nat Rev Cardiol.* 2017.
(37) 〝国内におけるワルファリン抵抗性ネズミの現況：いわゆるスーパーラットについて〟田中和之ほか：環境毒性学会誌：2009;12:61-70.

第3章

(1)『医学・医療の歴史をサラッと勉強』（朔元則著、原学園出版部、二〇二〇）

(2)『世にも危険な医療の世界史』（リディア・ケイン、ネイト・ピーダーセン著、福井久美子訳、文藝春秋、二〇一九）

(3)『改訳 新版 外科の歴史』（W・J・ビショップ著、川満富裕訳、時空出版、二〇一九）

(4)『医学をきずいた人びと 名医の伝記と近代医学の歴史（上・下）』（シャーウィン・B・ヌーランド著、曽田能宗訳、河出書房新社、一九九一）

(5)〝甲状腺の生理学、病理学および外科学的研究（1909年）〟内野眞也. *Surgery Frontier.* 2013;20:49-55.

(6)『医学全史 西洋から東洋・日本まで』（坂井建雄著、ちくま新書、二〇二〇）

◆『医療の歴史 穿孔開頭術から幹細胞治療までの1万2千年史』（スティーブ・パーカー著、千葉喜久枝訳、創元社、二〇一六）

◆『図説 医学の歴史』（坂井建雄著、医学書院、二〇一九）

◆『医学の歴史』（梶田昭著、講談社学術文庫、二〇〇三）

◆『がん 4000年の歴史（上・下）』（シッダールタ・ムカジー著、ハヤカワ文庫、二〇一六）

◆『手術器械の歴史』（C・J・S・トンプソン著、川満富裕訳、時空出版、二〇一一）

◆『黒衣の外科医たち 恐ろしくも驚異的な手術の歴史』（アーノルド・ファン・デ・ラール著、福井久美子訳、鈴木晃仁監修、晶文社、二〇二二）

◆『Newton大図鑑シリーズ くすり大図鑑』（掛谷秀昭監修、ニュートンプレス、二〇二一）

◆『歴史を変えた10の薬』（トーマス・ヘイガー著、久保美代子訳、すばる舎リンケージ、二〇二〇）

◆『カラー図解 人体の正常構造の機能（全10巻）第四版』（坂井建雄、河原克雄編、日本医事新報社、二〇二一）

◆International Paramedics Day「DOMINIQUE-JEAN LARREY.」
（https://www.internationalparamedicsday.com/dominique-jean-larrey-biography）

◆『解剖医ジョン・ハンターの数奇な生涯』（ウェンディ・ムーア著、矢野真千子訳、河出文庫、二〇一三）

◆A Celebration of Women Writers「NOTES ON NURSING What it is, and what it is not. BY FLORENCE NIGHTINGALE」
（https://digital.library.upenn.edu/women/nightingale/nursing/nursing.html#III）

◆〝甲状腺の生理・病理・外科 エミール・テオドール・コッヘル（Emil Theodor Kocher）〟永原國彦. 最新医学 2017;72:1324-7.

◆〝Carl Koller: Mankind's Greatest Benefactor? The Story of Local Anesthesia〟M Leonard. *J Dent Res.* 1998;77:535-8.

第4章

(1) Yale University Library「Electrosurgical in the Operating Room.」
(https://library.medicine.yale.edu/news/electrosurgical-operating-room)

(2) "Aladár Petz (1888-1956) and his world-renowned invention: the gastric stapler" Oláh A, Dézsi CA. *Dig Surg.* 2002;19(5):393-7; discussion 397-9.

(3) 〝外科手術器具「ペッツ」の名称の由来と用途は?【ハンガリーの外科医が縫合器の原型を開発した】〟渋谷哲男，週刊日本医事新報，4870.2017

(4) "The science of stapling and leaks" Baker RS, Foote J, Kemmeter P, Brady R, Vroegop T, Serveld M. *Obes Surg.* 2004;14(10):1290-8.

(5) "Non-suture anastomosis: the historical development" Hardy KJ. *Aust N Z J Surg.* 1990;60(8):625-33.

(6) 〝消化管器械吻合の歩みと共に〟中山隆市，日臨外会誌，2010;71:1393-412.

(7) "Outcomes of robot-assisted versus conventional laparoscopic low anterior resection in patients with rectal cancer: propensity-matched analysis of the National Clinical Database in Japan" Matsuyama T, Endo H, Yamamoto H, Takemasa I, Uehara K, Hanai T, *et al. BJS Open.* 2021;5(5).

(8) 日本経済新聞（二〇一八年四月三十日）「体内にガーゼ置き忘れ相次ぐ 日本医療機能評価機構が調査」
(https://www.nikkei.com/article/DGXMZO30005480Q8A430C1CR8000/)

(9) 日本経済新聞（二〇二〇年四月二日）「富士フイルム、超軽量移動型デジタルX線撮影装置にAI技術を用いた「手術用ガーゼの認識機能」をオプションとして追加」
(https://www.nikkei.com/article/DGXLRSP532304_S0A400C2000000/)

(10) "Gauze: Origin of the Word" Roguin A. *J Am Coll Surg.* 2021;233(3):494-5.

(11) STERIS Instrument Management Services「The History of Sterilisation Part 2」
(https://www.steris-ims.co.uk/blog/the-history-of-sterilisation-part-2/)

(12) 『内視鏡外科手術に関するアンケート調査 第16回集計結果報告』（日本内視鏡外科学会学術委員会著，二〇二二）

(13) "The Development of Laparoscopy-A Historical Overview" Alkatout I, Mechler U, Mettler L, Pape J, Maass N, Biebl M, *et al. Front Surg.* 2021;8:799442.

(14) PR TIMES「手術用光源の市場規模、2027年に7億6500万米ドル到達予測」
(https://prtimes.jp/main/html/rd/p/000000383.000071640.html)

(15) 〝外科手術ロボット〟中村仁彦．電学誌．2004;124:229-32.

(16)「ロボット支援手術の現状と今後の展望〜正当な評価と安全な普及に向けての取り組み〜」日本内視鏡外科学会ニュースレター 2021;38

(17)「消化器外科領域のロボット支援手術の術者要件緩和について」日本内視鏡外科学会ニュースレター 2022;41

第5章

(1) NIID国立感染症研究所「天然痘（痘そう）とは」
(https://www.niid.go.jp/niid/ja/kansennohanashi/445-smallpox-intro.html)

(2) "The eradication of smallpox--an overview of the past, present, and future" Henderson DA. *Vaccine*. 2011;29 Suppl 4:D7-9.

(3) Centers for Disease Control and Prevention「History of Smallpox」
(https://www.cdc.gov/smallpox/history/history.html)

(4) Birmingham Live「The Lonley death of Janet Parker」(https://janetparker.birminghamlive.co.uk/)

(5)『人類と感染症の歴史 未知なる恐怖を超えて』（加藤茂孝著、丸善出版、二〇一三）

(6) 経済産業省高圧ガス保安協会「CO中毒事故防止技術」
(https://www.meti.go.jp/policy/safety_security/industrial_safety/sangyo/lpgas/anzen_torikumi/file_itakujigyou/2020_1s.pdf)

(7) 東京消防庁「住宅で起きる一酸化炭素中毒事故に注意！」
(https://www.tfd.metro.tokyo.lg.jp/lfe/topics/nichijou/co.html)

(8)『がん 4000年の歴史（上・下）』（シッダールタ・ムカジー著、ハヤカワ文庫、二〇一六）

(9) "Smoking and carcinoma of the lung; preliminary report" Doll R, Hill AB. *Br Med J*. 1950;2(4682):739-48.

(10) Oxford Population Health「British Doctors Study」
(https://www.ctsu.ox.ac.uk/research/british-doctors-study)

(11) "Mortality in relation to smoking: the British Doctors Study" Di Cicco ME, Ragazzo V, Jacinto T. *Breathe (Sheff)*. 2016;12(3):275-6.

(12) Center for Disease Control and Prevention「What Are the Risk Factors for Lung Cancer?」
(https://www.cdc.gov/cancer/lung/basic_info/risk_factors.htm)
(13) Center for Disease Control and Prevention「Tobacco-Related Mortality」
(https://www.cdc.gov/tobacco/data_statistics/fact_sheets/health_effects/tobacco_related_mortality/index.htm)
(14) "Time for a smoke? One cigarette reduces your life by 11 minutes" Shaw M, Mitchell R, Dorling D. *BMJ*. 2000;320(7226):53.
(15) Center for Disease Control and Prevention「Health Problems Caused by Secondhand Smoke」
(https://www.cdc.gov/tobacco/secondhand-smoke/health.html)
(16) 公益財団法人健康・体力づくり事業財団 最新たばこ情報「成人喫煙率（JT全国喫煙者率調査）」
(https://www.health-net.or.jp/tobacco/statistics/jt.html)
(17) Yahoo!ニュース（二〇一九年三月十一日）「20年前の「想定外」東海村JCO臨界事故の教訓は生かされたのか」
(https://news.yahoo.co.jp/feature/1259/)
(18) 『朽ちていった命 被曝治療83日間の記録』（NHK「東海村臨界事故」取材班著、新潮文庫、二〇〇六）
(19) Timepiece Bank「The Introduction of Radium into the World of Watches」
(https://www.timepiecebank.com/en/blog/the-introduction-of-radium-into-the-world-of-watches)
(20) CNN style「Radium Girls: The dark times of luminous watches」
(https://edition.cnn.com/style/article/radium-girls-radioactive-paint/index.html)
(21) IEEE Spectrum for the technology insider「How Marie Curie Helped Save a Million Soldiers During World War I」
(https://spectrum.ieee.org/how-marie-curie-helped-save-a-million-soldiers-during-world-war-i#)
(22) "X-rays, not radium, may have killed Curie" Butler D. *Nature*. 1995;377(6545):96.
(23) Guiness World Records「Highest mortality rate (non-inherited disease)」
(https://www.guinnessworldrecords.com/world-records/640123-highest-mortality-rate-non-inherited-disease)
(24) 厚生労働省「狂犬病」(https://www.mhlw.go.jp/bunya/kenkou/kekkaku-kansenshou10/)
(25) 動物検疫所「指定地域（農林水産大臣が指定する狂犬病の清浄国・地域）」
(https://www.maff.go.jp/aqs/animal/dog/rabies-free.html)
(26) 動物検疫所「犬、猫を輸入するには」(https://www.maff.go.jp/aqs/animal/dog/import-index.html)
(27) 〝わが国における犬の狂犬病の流行と防疫の歴史〟唐仁原景昭．日本獣医史学会．2002;39.
(28) 〝第４回「狂犬病 パスツールがワクチン開発」〟加藤茂孝．モダンメディア．2015.61(3).2015

(29) Britannica「Vaccine development of Louis Pasteur」
(https://www.britannica.com/biography/Louis-Pasteur/Vaccine-development)

(30) 家畜疾病図鑑Web「家きんコレラ 急性で高い死亡率」
(https://www.naro.affrc.go.jp/org/niah/disease_dictionary/houtei/k23.html)

(31) The College of Physicians of Philadelphia History of Vaccines「Louis Pasteur, ForMemRS The Father of Germ Theory」
(https://historyofvaccines.org/history/louis-pasteur-formemrs/timeline)

(32) 公安調査庁「オウム真理教」(https://www.moj.go.jp/psia/aum-26nen.html)

(33)『地下鉄サリン 救急医療チーム 最後の決断』(NHK「プロジェクトX」制作班編、NHK出版、二〇一一)

(34)『住友製薬20年史 1984-2004』(住友製薬株式会社編、二〇〇五)

監修・協力

市原真(札幌厚生醫院病理診斷科)

木村真依子(日本腎臟學會腎臟專科醫師・日本透析醫學會認證專科醫師)

木積一浩(大阪國際癌症中心肝膽胰內科)

柴田育(牙醫・SPARKLINKS. 公司負責人)

沼尚吾(京都大學醫學部附屬醫院眼科・一般社團法人MedCrew代表理事)

堀向健太(東京慈恵會醫科大學葛飾醫療中心小兒科)

前田陽平(JCHO大阪醫院耳鼻咽喉科)

水野正一郎(西天滿・After Work診所・日本整形外科學會專科醫師)

山崎真平(京都大學大學院醫學研究科精神醫學教室 客座研究員)

國家圖書館出版品預行編目（CIP）資料

不可思議的醫學冷知識：日本超人氣外科醫師顛覆想像的人體醫學大解密；山本健人著；婁美蓮譯. -- 初版 . -- 新北市：方舟文化，遠足文化事業股份有限公司，2024.11
392 面；17×23 公分 . --（醫藥新知；30）
譯自：すばらしい医学
ISBN 978-626-7596-00-5（平裝）

1. CST：人體學　2.CST：醫學史

397　113014587

醫藥新知 0030

不可思議的醫學冷知識

日本超人氣外科醫師顛覆想像的人體醫學大解密

すばらしい医学

作　　者　山本健人
譯　　者　婁美蓮
封面設計　比比司設計工作室
內頁排版　吳思融
主　　編　錢滿姿
行　　銷　林舜婷
行銷經理　許文薰
總 編 輯　林淑雯

出 版 者　方舟文化／遠足文化事業股份有限公司
發　　行　遠足文化事業股份有限公司（讀書共和國出版集團）
　　　　　231 新北市新店區民權路 108-2 號 9 樓
　　　　　電話：（02）2218-1417
　　　　　傳真：（02）8667-1851
　　　　　劃撥帳號：19504465
　　　　　戶名：遠足文化事業股份有限公司
　　　　　客服專線　0800-221-029
　　　　　E-MAIL　service@bookrep.com.tw
網　　站　www.bookrep.com.tw
印　　製　中原造像股份有限公司
法律顧問　華洋法律事務所　蘇文生律師
定　　價　480 元
初版一刷　2024 年 11 月
初版二刷　2025 年 2 月

方舟文化官方網站　方舟文化讀者回函